AF317500

FERRET 1976

ÉTUDE

SUR

LES RACES, VARIÉTÉS ET CROISEMENTS

DE

L'ESPÈCE BOVINE EN FRANCE

PAR

M. DE LAPPARENT

INSPECTEUR GÉNÉRAL DE L'AGRICULTURE

(Extrait des *Annales du Ministère de l'Agriculture*. — 1902, n°° 1 et 2)

PARIS
IMPRIMERIE NATIONALE

—

MDCCCCII

ÉTUDE

LES RACES, VARIÉTÉS ET CROISEMENTS

L'ESPÈCE BOVINE EN FRANCE,

M. DE LAPPARENT,

INSPECTEUR GÉNÉRAL DE L'AGRICULTURE.

L'élevage des animaux de l'espèce bovine et les spéculations animales qui en dérivent ont subi des modifications profondes, en France, durant le dernier tiers du XIXe siècle.

Ces modifications correspondent aux progrès réalisés par l'agriculture, au développement de notre outillage national, en tant que chemins de fer et routes de terre, et aux transformations économiques qui se sont produites.

Les progrès agricoles, en développant dans des proportions considérables la production fourragère, tant au point de vue de la quantité qu'à celui de la qualité, ont rendu possible, sur beaucoup de points, l'élevage ou l'entretien d'animaux plus exigeants, parce qu'ils sont plus perfectionnés, que ceux qu'on y entretenait auparavant.

La multiplication des voies ferrées a étendu le champ des relations commerciales en les rendant faciles et rapides, en même temps que celle des routes et chemins, dont l'admirable réseau sillonne maintenant la France dans toutes ses parties, a permis soit de substituer à la traction par les animaux de l'espèce bovine celle par les chevaux, soit de demander aux premiers moins de puissance de travail et plus de précocité et d'aptitude à la production de la viande.

Les transformations économiques, qui se sont traduites plus spécialement par une très grande extension des diverses industries laitières et par un notable accroissement de la consommation de la viande de boucherie, devaient avoir pour conséquence, d'une part, l'expansion de races ou variétés ayant des aptitudes spéciales, en même temps que des efforts pour développer ces aptitudes, d'autre part le refoulement de celles de ces races qui ne répondaient plus aux conditions nouvelles, ou leur transformation soit par l'infusion d'un sang améliorateur, soit par la sélection.

Une telle évolution ne se fait pas sans de longs tâtonnements, sans variations sur les moyens à employer pour atteindre le résultat cherché. Mais il semblerait qu'actuellement cette évolution soit sinon terminée, du moins assez avancée pour qu'on puisse entrevoir un équilibre relativement stable dans un avenir prochain. Le grand facteur de cet équilibre aura été la spécialisation des spéculations animales suivant les conditions de milieu commercial, de climat, de productions du sol, de mode d'exploitation.

M. de Lapparent.　　　　　　　　　　　　　　　　1

Il m'a paru que le moment était venu de faire une étude consciencieuse et documentée sur l'élevage des diverses races, variétés ou croisements des animaux de l'espèce bovine en France, de déterminer leur habitat actuel, de préciser leurs caractères distinctifs, de faire ressortir les progrès réalisés et par quels moyens ils avaient été obtenus, de renseigner sur les spéculations diverses qui caractérisent tel ou tel milieu agricole, etc.

Une telle étude ne pouvait être entreprise qu'en faisant appel à la collaboration de MM. les professeurs d'agriculture et des agronomes avec lesquels ils sont en relations constantes.

Des questionnaires très détaillés ont été distribués en grand nombre et les réponses faites ont constitué un ensemble de documents très sérieux, dont je remercie sincèrement tous ceux qui ont bien voulu se donner la peine de les recueillir et de me les faire parvenir.

Dans cette étude uniquement basée sur des faits, je me suis efforcé d'être absolument impartial et de rechercher la vérité avec une entière bonne foi, donnant franchement mes conclusions, dussent-elles aller à l'encontre de théories ou d'opinions contraires.

J'ai cru devoir employer, bien qu'elles ne soient pas techniquement exactes, mais parce qu'elles sont entrées dans le langage courant, certaines expressions telles que *croisements*, pour désigner des animaux qui sont en réalité des *métis; races*, quand il ne s'agit en fait que de *variétés; pureté*, lorsque, en remontant la suite des générations, il serait possible de retrouver l'infusion d'un sang différent.

On a longtemps discuté et on discute encore sur cette question de pureté, qui pour beaucoup de bons esprits est un leurre dans la plupart des cas. Sans entrer dans un débat bien inutile, je tiens à bien établir que, pour moi, ce qui importe avant tout c'est que, après avoir reconnu la valeur d'un type, on l'ait adopté nettement et on soit arrivé à le fixer et à le généraliser dans une contrée déterminée.

Ce qu'on peut obtenir des éleveurs très rapidement, quand un programme précis a été adopté et qu'on s'y maintient avec persistance, est vraiment extraordinaire. L'exemple le plus frappant est celui de la race limousine.

Le choix d'un ordre de présentation en pareille matière n'est pas chose facile. Fallait-il prendre successivement chaque race ou variété, suivant l'importance de son rôle, ou les grouper d'après leurs aptitudes, ou encore suivre simplement l'ordre alphabétique, ainsi que l'a fait M. Gayot? Ces divers systèmes avaient à mes yeux l'inconvénient de faire passer brusquement et sans transition d'un côté à l'autre de notre territoire. J'ai cru préférable d'aborder la France par le Nord et de progresser successivement vers le Sud, afin de relier entre elles, autant que possible, les différentes régions agricoles et de faire comprendre le rôle que les systèmes de culture, le climat, les conditions économiques, le contact ont eu dans l'expansion ou le refoulement, la sélection ou le croisement, la localisation ou l'entremêlement des diverses races ou variétés de l'espèce bovine.

RACE FLAMANDE ET SES DÉRIVÉS.

Si on prend en bloc la population bovine constituée par les animaux de race flamande dite *pure* et par ceux qui en dérivent (maroillais, boulonnais, artésiens, picards), elle vient en seconde ligne dans la série de nos races laitières, sinon comme importance numérique (les bretons et leurs dérivés sont représentés par un nombre de têtes notablement plus élevé), du moins par le poids total de ces animaux.

Ce poids s'élève à environ 220,000 tonnes, pour 670,000 têtes, déduction faite des veaux et aussi des vaches entretenues par des laitiers nourrisseurs dans le voisinage des grandes villes [1].

Sur ce nombre, les flamands proprement dits comptent un peu plus de 100,000 têtes, dont les quatre cinquièmes dans le département du Nord et le reste dans celui du Pas-de-Calais ou disséminés dans les départements du Nord-Est. Dans le Nord, ils occupent presque entièrement les deux arrondissements d'Hazebrouck et de Dunkerque et, dans le Pas-de-Calais, une zone limitrophe plus ou moins large qui, des cantons d'Audruicq, Saint-Omer et Aire, s'est successivement étendue à tout ou partie de ceux de Norrent-Fontes, Lillers, Béthune, Laventie, Cambrai et La Bassée (Nord).

La taille des flamands parvenus à complet développement varie entre 1 m. 50 et 1 m. 55 pour les taureaux et entre 1 m. 40 à 1 m. 45 pour les vaches. Elle a en général diminué, car on a visé à obtenir des animaux plus près de terre.

Les caractères extérieurs, avant qu'on ne se soit attaché à améliorer la race, étaient les suivants : garrot assez large; ligne du dos droite jusqu'à l'attache de la queue, naturellement un peu haute; hanches écartées; formes générales sèches, accusant les saillies d'une ossature forte; poitrine assez profonde, mais un peu sanglée en arrière des épaules; fesses trop plates.

Tête, plus courte chez le mâle que chez la femelle, présentant un chanfrein droit, un front large garni de cornes blanc nacré à la base et noir d'ébène aux extrémités, qui, s'écartant horizontalement de la tête, se relèvent légèrement en avant chez le taureau et d'une façon accentuée, en arc de cercle, chez la vache. Les joues fortes du taureau se resserrent brusquement en dessous de la crête zygomatique, pour se terminer par des naseaux bien ouverts et un mufle étroit. La tête de la vache ne présente pas ce resserrement brusque. Oreilles petites et très mobiles; yeux noirs exprimant la douceur.

Robe variant du rouge brun au brun noir pour les mâles et du rouge cerise au rouge acajou pour les femelles, avec taches blanches plus ou moins grandes et plus ou moins nombreuses en tête, aux ars et au ventre. La nuance de la tête, généralement plus foncée que celle du corps, présente fréquemment des lisières de poils fauves ou roussâtres autour des naseaux, du mufle et des lèvres, ainsi qu'au menton.

Chignon peu garni et de couleur moins sombre que la tête.

Queue terminée par un toupillon noir ou gris noir; de même au fourreau.

Peau du mufle, des paupières, du larmier, du périnée, de l'anus, des bourses de couleur bistrée non limitée par du rose.

Corne des onglons noire, avec poils noirs au-dessus.

Écusson flandrin large à la base; veines mammaires fortes, volumineuses, sinueuses, souvent bifurquées. Mamelles bien conformées, à trayons bien espacés et dirigés.

Cuir plus fin que dans la plupart des autres races.

Les défauts de conformation ont été très atténués dans la dernière moitié du XIXᵉ siècle. Chez bon nombre de sujets l'attache de queue n'est plus défectueuse, l'os-

---

[1] Les divers calculs de cette étude ont été basés sur la Statistique décennale de 1892 et, dans le nombre des existences, les veaux au-dessous de six mois n'ont pas été compris.

sature est diminuée, ses saillies sont moins apparentes, le passage de sangles est bon, la fesse n'est plus plate et la culotte est mieux descendue.

« De 1855 à 1865, on a voulu, dans l'arrondissement de Dunkerque, infuser du sang durham à la race flamande, lit-on dans une monographie du département du Nord; mais ces tentatives n'ont pas été couronnées de succès. Il en est, cependant, resté quelques indices. La vache flamande actuellement est plus fine que celle d'autrefois; ses formes sont moins sèches et plus agréables à l'œil. »

Si l'infusion du sang durham, faite avec précaution, de façon à ne pas diminuer les aptitudes laitières de la race, et promptement abandonnée, a pu, jusqu'à un certain point, contribuer à l'améliorer, la sélection, pour laquelle les caractères laitiers ont eu la prédominance, a incontestablement plus fait.

Les progrès considérables réalisés auraient certainement été plus complets et plus rapides si on n'avait pas la déplorable habitude de commencer à faire saillir les jeunes taureaux, bien nourris il est vrai et maintenus en stabulation, dès l'âge de 10 mois et de les sacrifier vers leur deuxième année, parfois même avant la naissance de leurs premiers produits, au lieu de conserver les meilleurs pendant plusieurs années pour faire souche.

La guerre de 1870 et la peste bovine qui en a été la conséquence ont également contribué à retarder l'amélioration de la race; mais les éleveurs se sont promptement et courageusement remis à l'œuvre. Dès 1876 on pouvait le constater dans les concours agricoles. L'État a contribué à ce mouvement, en dehors des récompenses données dans les concours généraux et régionaux, par des concours spéciaux annuels qui se tiennent alternativement dans le département du Nord et dans celui du Pas-de-Calais.

Les Conseils généraux de ces deux départements donnent dans ce but spécial de larges subventions aux sociétés d'agriculture et aux comices.

Depuis 1886, le Comice de Bergues s'est tout particulièrement attaché à améliorer la race flamande et à faire connaître et apprécier ses qualités. A cet effet, il a fondé un livre généalogique où les inscriptions, peu nombreuses au début, se sont promptement multipliées, sinon dans le Pas-de-Calais, au moins dans le Nord. Ce livre a consacré la tendance de tous les éleveurs à uniformiser la nuance de la robe des flamands. Très généralement on a visé à supprimer par la sélection les taches blanches, qui ne se rencontrent plus que rarement aux ars et au ventre et sont toujours très restreintes en tête, quand il y en a.

Dans les arrondissements de Dunkerque et Hazebrouck, on élève pour la reproduction tous les veaux mâles et femelles de bonne venue. Il en est de même pour les meilleurs produits de la zone à élevage flamand du Pas-de-Calais. La valeur de ces veaux, à leur naissance, s'élève jusqu'à 80 francs, suivant leur origine. C'est que des délégations de sociétés agricoles de toute la région occupée par les dérivés de la race sont envoyées en Flandre chaque année pour acheter à l'âge de 8 à 12 mois des reproducteurs mâles et femelles. Les beaux sujets sont achetés dans les fermes ou sur le champ des concours des Rameaux et du 4ᵉ dimanche d'octobre, à Bergues.

On ne livre à la boucherie, sur les grands marchés de Dunkerque, Roubaix, Calais, Lille et Paris, que les veaux défectueux qui, nourris au lait pur jusqu'à 2 ou 3 mois, pèsent de 110 à 140 kilogrammes.

Les naissances ont lieu à toutes les époques de l'année, mais, pour le plus grand nombre, entre février et mai.

Les génisses sont saillies trop jeunes, parfois à un an.

On s'efforce de décider les bons éleveurs à conserver plusieurs années à la reproduction les taureaux de choix par des primes de conservation auxquelles est affecté un crédit spécial dans le budget du département du Nord.

On peut dire que dans la zone d'élevage de la race flamande pure on n'élève pas de bouvillons, par suite il n'y a pas de bœufs flamands.

Les vaches ne sont pas soumises au joug. Prises dans la bonne moyenne elles donnent 3,000 litres de lait d'un vêlage à l'autre. Elles se laissent facilement traire. La durée de la lactation est généralement de huit mois.

Une très bonne flamande, dans la période la plus abondante, peut atteindre jusqu'à 40 litres par jour.

Il faut, dans les conditions d'alimentation les plus favorables, de 25 à 26 litres de lait pour faire 1 kilogramme de beurre par ascension naturelle de la crème et de 23 à 24 litres avec les écrémeuses centrifuges.

Les animaux sont maintenus jour et nuit au pâturage de fin avril à novembre, à moins de froids précoces. On leur apporte un supplément de nourriture au pâturage, même du tourteau.

L'engraissement des vaches de réforme ou des taureaux bistournés, pratiqué l'été au pâturage et l'hiver à l'étable, dure de 3 à 5 mois. Le poids vif moyen des taureaux gras est de 800 kilogrammes, celui des vaches très bien engraissées de 650 kilogrammes.

Le rendement à l'abattoir atteint 58 p. 100 pour les premiers (cuir, 45 kilogrammes) et 50 p. 100 pour les vaches (cuir, 40 kilogrammes).

La sous-race *maroillaise*, qui présente beaucoup d'analogie avec la flamande, se trouve dans toute la partie sud-est du département du Nord, située dans les vallées des deux Helpes et de la Sambre (rive droite), qui forme la zone herbagère; son habitat s'étend sur les cantons de Nouvion et de la Capelle, dans le nord du département de l'Aisne. Mais la maroillaise n'occupe pas exclusivement cette zone, où l'on engraisse un grand nombre d'animaux de toutes races et provenances; elle ne se trouve que chez les herbagers fromagers.

Aussi les animaux de cette sous-race ne dépassent-ils pas 34,000 à 35,000 têtes.

La plupart des caractères extérieurs des flamands s'appliquent aux maroillais, qui n'en sont qu'une dégénérescence due à la moindre qualité des fourrages produits par un sol moins riche, à l'insuffisance de soins et de nourriture d'hiver et au défaut de sélection.

La taille moyenne varie entre 1 m. 30 et 1 m. 40. L'ensemble des formes est plus grêle, avec une encolure fine, sans fanon, des épaules maigres, des côtes plates, un ventre relativement volumineux, des fesses peu musclées.

La tête est longue, en lame de couteau, avec chignon étroit et cornes blanches ou jaunâtres à la base, fines et relevées seulement sur une longueur de quelques centimètres.

La robe rouge acajou ou rouge clair présente des taches blanches au ventre et aux ars, souvent mouchetées, et, fréquemment aussi, les joues portent des brides.

Très bonne laitière, la maroillaise, outre les signes extérieurs très nets de grande finesse de cuir, de veines mammaires très développées, de plissement de la peau en arrière des mamelles, d'écussons très étendus, possède un furfur épidermique abondant sur le pis, autour de l'anus et de la vulve, dans les oreilles et auprès des yeux, qui dénote ses qualités beurrières.

La production annuelle en lait d'une vache prise dans la bonne moyenne est d'environ 2,500 litres, pour une durée de lactation ordinaire de 9 à 10 mois. Une très bonne maroillaise peut donner jusqu'à 28 et 30 litres dans la période de production maxima.

La teneur en crème du lait est un peu supérieure à celle du lait des flamandes et il en faut de 7 à 8 litres pour produire un fromage de Maroilles pesant 750 grammes.

Sous l'influence des engrais phosphatés, appliqués de plus en plus abondamment au sol, le squelette des animaux est en voie de développement. Une légère amélioration de la nourriture hivernale contribue aussi à ce résultat.

Les saillies sont faites par de jeunes taureaux, comme en Flandre, mais au pâturage et en liberté.

Si, par des primes spéciales, les administrations départementales poussent, depuis peu de temps d'ailleurs, à la conservation des meilleurs taureaux, les comices ne sont pas encore entrés dans cette voie, puisqu'ils affectent leurs récompenses aux taureaux n'ayant pas de dents de remplacement.

On importe annuellement quelques taureaux achetés dans les arrondissements de Dunkerque et d'Hazebrouck.

On fait très peu de veaux de lait dans le Maroillais. Les naissances ayant lieu, en majeure partie, en hiver, on garde les premiers nés pour l'élevage et les autres sont livrés à la boucherie à 15 jours ou 3 semaines.

Les veaux d'élevage, retirés à la mère au bout de cette période, sont nourris avec du lait écrémé et du lait de fromage auxquels on ajoute parfois de la graine de lin et du tourteau, qu'on leur donne même au paturage.

Les vaches de réforme, le plus souvent engraissées à l'herbage, pèsent de 500 à 550 kilogrammes et donnent un rendement moyen de 50 p. 100. Elles portent 35 kilogrammes de cuir.

Les animaux restent au pâturage nuit et jour pendant la même période qu'en Flandre. Les jeunes sont toutefois rentrés un peu plus tôt à l'étable.

En dehors de nombreuses fromageries particulières, on compte dans le Maroillais une quinzaine d'industries laitières.

Les autres dérivés de la race flamande, sous des noms divers, ne se différencient entre eux que par des nuances.

La variété *boulonnaise* occupe le territoire situé entre les côtes de la Manche, jusqu'à la baie de Somme, et les limites de l'ancienne province d'Artois. Dans cette province elle prend le nom de *saint-polaise* et d'*artésienne;* puis dans les départements de la Somme, de l'Oise et de l'Aisne, au nord d'une ligne passant par Fressonville, Oisemont, Hornoy, Conty, Mondidier et suivant plus loin la vallée de l'Aisne, on la nomme *picarde*, puis *guisarde*, dans l'arrondissement de Saint-Quentin.

L'ensemble de ces variétés constitue une population totale de 670,000 têtes environ se répartissant comme il suit :

Nord	118,000 têtes
Pas-de-Calais	175,000
Somme	128,000
Aisne	93,000
Oise	84,000

Si on ajoute à ces chiffres les existences par importation en Seine-et-Oise (15,000 têtes), et en Seine-et-Marne (58,000 têtes), on retrouve les chiffres indiqués au début.

La *boulonnaise* se différencie de la flamande en ce qu'elle est de taille moindre, dépassant rarement 1 m. 35. Elle est généralement plus près de terre; ses formes sont plus grêles et plus anguleuses; la croupe et les reins sont larges, mais secs. La robe, de même nuance, porte de nombreuses taches blanches au ventre, aux ars et à la tête. Les muqueuses sont ordinairement noires, mais le pigment fait défaut chez nombre d'animaux, ou se trouve délimité nettement.

Depuis un quart de siècle, par l'introduction de taureaux flamands bien conformés et une meilleure alimentation, l'amélioration de la variété boulonnaise est considérable. L'ossature a diminué, le corps s'est amplifié, la sécrétion du lait s'est accrue, l'engraissement des adultes est devenu plus facile.

Dans l'arrondissement de Montreuil, un certain nombre d'animaux se rapprochent du type flamand (vaches dites *namponnoises*). Il en est de même pour les *saint-polaises*, surtout depuis que la spéculation de l'engraissement étant devenue moins rémunératrice, les cultivateurs se sont portés vers l'élevage en important chaque année des taureaux et des génisses de la Flandre.

L'*artésienne* est encore moins développée que les variétés précédentes, avec une poitrine plus étroite, une côte plus plate, des reins faibles et une tête plus grossière, de forme conique; et portant des cornes plus relevées. La robe, moins foncée de nuance, varie du rouge froment au rouge clair.

Dans l'Aisne, la *picarde* a plus de taille que l'artésienne; elle atteint et dépasse même 1 m. 45. Le garrot est élevé et étroit. Le dos long est souvent déprimé vers les reins; les hanches sont peu saillantes et la queue est attachée bas; les cuisses sont médiocrement musclées.

Les facultés laitières sont, pour ces diverses variétés, inférieures à celles des flamandes. Dans le Boulonnais et l'Artois, la moyenne de production en lait ne dépasse pas moyennement 2,400 litres de lait pour sept à huit mois de lactation. Dans la région de Vervins, la picarde de plus forte taille atteint 2,600 à 2,700 litres, avec une durée de lactation plus prolongée; mais la richesse du lait en beurre reste sensiblement la même.

Le poids vif des vaches très grasses est moyennement de 600 kilogrammes, sauf pour les picardes qui atteignent, à peu de choses près, le poids moyen des flamandes. Le rendement à l'abattoir est un peu moindre que pour celles-ci, par le fait d'une ossature plus grossière et d'un cuir plus épais.

L'engraissement des veaux se fait sur une grande échelle dans le Pas-de-Calais. Le principal marché est la ville d'Aire, qui, pour encourager cette spéculation, a établi un concours de veaux gras le mardi de la semaine sainte.

Les veaux sont vendus entre 8 et 10 semaines. Pour les engraisser, on ajoute au lait pur ou écrémé de la fécule, de la graine de lin, de la farine de froment, du riz. On commence aussi à utiliser le petit lait; mais de nombreuses expériences ont démontré que, dans ce cas, il fallait revenir au lait pur quinze jours avant la vente, si on voulait obtenir une viande suffisamment blanche et de la graisse autour des rognons.

Le sevrage des génisses conservées pour l'élevage a lieu vers l'âge de 3 mois. Elles sont vendues soit à six mois, soit amouillantes, ayant été saillies vers 18 mois.

Le fait bien général et de plus en plus accentué à noter pour toute la région occupée par les dérivés de la race flamande est celui de l'amélioration par l'introduction de bons reproducteurs mâles et femelles. Non seulement beaucoup d'éleveurs en font venir de la Flandre, mais encore les Conseils généraux encouragent ce mouvement en donnant aux sociétés d'agriculture des subventions spéciales pour achat de taureaux de choix destinés à être revendus aux éleveurs. C'est ainsi que dans le Pas-de-Calais, où se tiennent d'importants concours départementaux, chaque société reçoit une somme de 1,000 francs dans ce but et que le Comice de Vervins peut, chaque année, importer quatre ou cinq taureaux,

D'une façon générale, les taureaux importés ne commencent à faire la saillie qu'à l'âge de 14 à 15 mois et sont conservés à la reproduction jusqu'à 4 et même 5 ans. Ils sont le plus souvent maintenus à l'étable ou au piquet et la saillie est dirigée.

Il semble donc qu'il y ait maintenant une certaine uniformité dans les efforts faits pour l'amélioration de l'espèce bovine dans toute cette région et qu'on soit sorti de ces fluctuations qui ont marqué la période où on visait surtout à la réaliser par des croisements quelconques.

A ce sujet, voici une note intéressante fournie par un de nos correspondants de Saint-Quentin, qui montre cependant qu'on est encore loin d'agir partout avec méthode :

« Certains de nos éleveurs ont voulu faire de notre race une race à la fois laitière et précoce pour l'engraissement. Ils ont introduit à cet effet des reproducteurs anglais, le durham, de préférence à l'ayrshire trop petit.

« Les croisements obtenus n'ont pas répondu à leur attente. Les produits sont restés décousus et, alors même qu'ils offraient quelque homogénéité, ils se reproduisaient mal entre eux, l'atavisme exerçant son influence avec tous ses caprices.

« A ce point de vue, il me semble que la hollandaise eût mieux assimilé cette combinaison. Est-ce parce qu'elle a donné naissance à la durham, qui passe pour sa congénère sélectée? Les doctrines sont si différentes, les zootechniciens sont si souvent déroutés par la nature, que nous nous gardons de prendre parti. Nous nous bornons à constater.

« Le fait est que les croisements durham ont été une déception pour l'élevage. Eussent-ils réussi que le commerce n'eût pas suivi. On est donc revenu à la race flamande. Mais les fermes où elle sert de type sont comme des oasis, semées un peu partout. Il semble que chaque groupe d'éleveurs couche sur ses positions s'en tenant, les uns à la race améliorée, les autres à la sous-race abâtardie, d'autres à une réunion de bovidés disparates n'ayant aucun caractère de spécialisation.

« Notre caractère national s'affirme là comme ailleurs, mobile, changeant, incapable de faire œuvre durable.

« Quels maigres résultats devant l'action du Comice de l'arrondissement qui, depuis un demi-siècle, vise à propager les bonnes méthodes d'éducation de l'espèce bovine, achète et revend à perte des reproducteurs et prime leurs produits dans ses concours.

« L'observateur attentif n'éprouve pourtant pas une surprise bien grande de l'impuissance des sociétés agricoles. Le Saint-Quentinois est une région de cultures industrielles, qui cherchent au meilleur compte les matières fertilisantes, qu'elles viennent même du fabricant d'huile ou de l'effilochage du drap, ou encore du pêcheur des côtes de Norvège. Le sol est devenu l'usine; le bétail est bien toujours producteur d'engrais, mais c'est le bétail rapidement conduit à la boucherie, sorti de quelque autre région et supplantant l'élevage local.

« La région du Saint-Quentinois se détache de l'élevage, si encourageant que soit le rôle du département, des sociétés d'agriculture, des comices. Voilà le fait dominant. »

De ce qui précède il y a lieu de retenir que, s'il est fâcheux que les éleveurs d'animaux destinés à la production laitière n'aient pas mieux compris leurs vrais intérêts dans cette partie de la région Nord, on ne peut qu'approuver l'importation, dans les centres où les industries agricoles se sont développées, de bœufs de races diverses propres au travail, puis à l'engraissement, alors que le bœuf de la race flamande ou de ses dérivés ne peut rendre sous ce rapport les mêmes services. S'il ne manque pas de rapidité d'allure, si son endurance au froid et à la chaleur est suffisante dans cette contrée, l'assiette qu'exigent les lourdes tractions n'est pas dans son tempérament, ni même dans sa structure.

C'est pourquoi les quatre départements qu'intéressent cette race et ses sous-races comptent ensemble 18,000 bœufs de travail et 20,000 bœufs d'engrais importés du Charolais et du Cantal et aussi, pour les pâturages du Saint-Quentinois, du Maroillais et des arrondissements de Boulogne et de Saint-Omer, des contrées où l'on produit les comtois, les normands et les croisements durham.

La race flamande est-elle destinée à voir s'accroître son champ d'expansion au delà de la zone occupée par ses dérivés? Cela n'est pas probable, en raison de ce qu'elle supporte mal les climats à température estivale élevée et de ce que sa grande finesse de peau la rend trop sensible aux piqûres des insectes.

Comme vache d'importation, en dehors de la région qu'elle occupe, elle a surtout sa raison d'être dans les contrées où le voisinage de grands centres de population, comme Paris, permet l'expédition du lait, ou dans celles où l'industrie fromagère a pris un grand développement.

C'est pourquoi au sud de la ligne indiquée, soit sur la rive gauche de l'Aisne, c'est surtout la race normande qui a été adoptée et même, sur la rive droite de cette rivière, le nord de l'arrondissement de Soissons et la plus grande partie de celui de Laon constituent un territoire de transition où les animaux picards et normands s'entremêlent et s'entrecroisent. D'autre part, à l'autre extrémité de la région, du côté de l'embouchure de la Somme, ces derniers ont gagné sensiblement de terrain. On les trouve jusqu'à Rue, alors qu'autrefois ils ne dépassaient pas les confins de la vallée de la Bresles. Cela tient à ce qu'on a reconnu qu'ils se comportaient mieux au pâturage que les dérivés flamands et que leur lait répondait mieux aux spéculations locales.

RACE HOLLANDAISE ET SES DÉRIVÉS.

Entre la zone de Flandre et la zone herbagère de l'arrondissement d'Avesnes se trouve la région industrielle comprenant les arrondissements de Lille, Douai, Cambrai, Valenciennes et la partie de celui d'Avesnes située sur la rive gauche de la Sambre. Les animaux de l'espèce bovine qui peuplent cette région appartiennent soit à la race flamande, soit à la race hollandaise, sans qu'il soit facile d'indiquer de limites, sauf pour ce qui concerne les cantons du Quesnoy, Bavay, Maubeuge, où l'on n'entre ;

tient guère que des hollandaises de la variété dite *de Mons*, à pelage blanc avec soit des taches rouges plus ou moins grandes, soit des taches où le blanc et le noir sont mélangés, ce qui fait dire que les animaux sont *bleus*.

Néanmoins il existe de nombreux représentants de la race hollandaise *pie-noir*, qui a pour caractères distinctifs :

Tête. — Front très rétréci au-dessous des cornes, de sorte que la table frontale a la forme d'un trapèze, présentant une forte dépression centrale qui se prolonge de chaque côté de la partie supérieure du chanfrein. La tête, vue de trois quarts avec la saillie orbitaire surplombant, a un aspect tout spécial et très caractéristique ; elle est vaillante. Le nez est pincé, busqué et se termine par un mufle étroit. Les cornes sont à coupe elliptique à leur base et se dirigent horizontalement en avant. Elles sont blanc jaunâtre à la base et noires aux extrémités.

Taille. — Elle varie de 1 m. 30 à 1 m. 45. Souvent la croupe est un peu plus élevée que le garrot chez la vache, mais c'est le contraire chez le taureau.

Formes. — Le bassin de la vache est généralement très large, plus ample que la poitrine. Le taureau a la poitrine plus développée, les hanches moins écartées et le cou moins long. Les fesses sont un peu pointues et les saillies osseuses trop marquées. Le cuir est plus épais que dans la race flamande.

A part le pelage, les caractères de la variété de Mons sont les mêmes.

Dans la région industrielle, l'élevage ne se fait pas d'une façon bien suivie, et sauf dans les fermes un peu importantes, le renouvellement se fait le plus souvent par importation. Dans ces fermes on entretient toujours un bon taureau nettement pie-noir, quel que soit le pelage des vaches. Depuis que la Hollande est fermée à l'exportation, tous les taureaux naissent dans la région.

On évalue le nombre des animaux de la race hollandaise ou de la variété de Mons à 30,000 têtes. Il semble qu'il n'y a tendance ni à augmentation, ni à diminution.

Si chaque année les société agricoles organisent des concours d'animaux reproducteurs, on doit reconnaître que les cultivateurs s'intéressent moins à l'amélioration de la race que dans les Flandres. Il y a cependant progrès sensible des formes.

On constate que les représentants de la race hollandaise à pelage pie-noir diminuent en nombre, tandis que ceux à robe blanche et rouge et surtout blanche avec taches grises augmentent.

On remarquerait une certaine tendance à la diminution des facultés laitières, indiquant la nécessité de l'introduction de quelques bons taureaux d'origine. Néanmoins, ces facultés sont encore remarquables, puisqu'on porte le rendement moyen à 3,200 litres pour une période de lactation de dix mois. Il est à remarquer que les vaches hollandaises tiennent leur lait plus longtemps que les flamandes ; il n'est pas rare d'en trouver qu'on a de la peine à tarir.

Elles sont d'ailleurs faciles à traire.

Le lait n'est pas riche en crème ; il faut de 30 à 32 litres par la montée naturelle et de 28 à 30 avec les écrémeuses centrifuges pour obtenir 1 kilogramme de beurre. Les cantons de Bavay, le Quesnoy et Maubeuge s'adonnent surtout à l'élevage de vaches, qui sont vendues, à l'âge de 5 à 7 ans, aux laitiers nourrisseurs des centres industriels, pour la production du lait de consommation directe.

Les veaux de boucherie sont livrés entre 5 et 7 semaines et pèsent alors de 100 à 120 kilogrammes.

Le sevrage des veaux conservés pour l'élevage se fait beaucoup trop tôt. Les taureaux commencent la monte vers un an, mais sont généralement conservés plus longtemps que dans les Flandres à la reproduction. Ils demeurent toujours à l'étable. Les génisses sont saillies entre 15 et 18 mois.

On élève des bœufs pour le travail. Ils sont dressés au collier vers l'âge de 2 ans. Leur allure est lente, et ils résistent mieux au froid qu'aux grandes chaleurs.

On emploie aussi les vaches au travail des champs. Également dressées au collier, vers 3 ou 4 ans, leur allure est plus vive que celle des bœufs.

Ceux-ci sont vendus entre 6 et 7 ans. Ils ont, à croissance complète, une taille de 1 m. 55 à 1 m. 60. Engraissés, le plus souvent à l'étable, ils atteignent le poids vif moyen de 900 kilogrammes. Celui des vaches de réforme grasses est de 600 kilogrammes.

L'augmentation du poids des animaux de cette contrée est estimée à 8 ou 10 p. 100. Le rendement en viande nette est, pour les bœufs, de 55 p. 100 (cuir, 60 kilogr.); pour les vaches, 50 p. 100 (cuir, 45 kilogr.); pour les taureaux, 57 p. 100 (cuir, 55 kilogr.).

Il serait presque impossible de déterminer l'importance des existences d'animaux de la race hollandaise dans les autres parties de la France. On en trouve en assez grand nombre, mais plus ou moins dégénérés, dans les départements des Ardennes et de la Meuse, dans l'arrondissement de Briey (Meurthe-et-Moselle), dans l'est de celui de Vervins (Aisne). Les taureaux hollandais sont employés en concurrence avec des flamands, des fribourgeois, des durham et même des normands, pour améliorer la soi-disant race *ardennaise*, décrite par M. Magne, mais qui, sous l'action de ces croisements multiples, a fini par disparaître à peu près complètement. Il y a même un retour assez marqué en faveur de la race hollandaise, dont l'ardennaise est un dérivé, depuis le développement pris par les industries laitières (on n'en compte pas moins de vingt-cinq dans la Meuse, dont trois coopératives). C'est ainsi que la Société d'agriculture de Verdun faisait venir de Hollande, en 1894, dix taureaux et quarante-six génisses de bonne famille, en même temps qu'elle achetait quatre taureaux durham français.

L'arrondissement de Montmédy a les mêmes tendances, qui sont encore plus accentuées dans le département des Ardennes, non seulement dans la partie nord, où on fait surtout du lait pour les beurreries et de l'élevage, mais encore dans l'arrondissement de Vouziers.

Dans cet arrondissement, on estime à un vingtième du total des existences le nombre des sujets de race hollandaise pure. Ils se trouvent dans les étables de quelques gros propriétaires et fermiers. La taille moyenne des vaches dérivées des hollandais est entre 1 m. 30 et 1 m. 40; leur robe est pie-noire ou pie-rouge, parfois complètement rouge. Il semble cependant que la première ait tendance à prédominer et souvent le noir est remplacé par le gris bleuté.

Les muqueuses, pigmentées chez les sujets pie-noir, sont souvent dépourvues de pigment chez ceux qui sont pie-rouge. Le squelette est léger, avec des formes anguleuses, une poitrine souvent étroite et peu profonde, une encolure mince, un corps long, des hanches sorties et peu écartées, la croupe courte, les cuisses peu musclées. Beaucoup de sujets, cependant, sont maintenant très perfectionnés au point de vue des formes.

Les génisses sont livrées au taureau dès l'apparition de leurs premières chaleurs, entre 1 an et 18 mois.

Le rendement moyen en lait est évalué à 2,500 litres entre deux vêlages; il en faut jusqu'à 28 et 30 litres pour faire 1 kilogramme de beurre.

En dehors de cette contrée, la hollandaise est importée surtout dans la partie ouest du rayon d'approvisionnements en lait de Paris, formée par les départements de Seine-et-Oise et Oise (pays de Thelle), en concurrence avec les flamandes et aussi quelque peu avec les normandes. La Brie l'importe également en assez grande quantité, ainsi que l'arrondissement de Château-Thierry (Aisne), pour la production du lait nécessaire à la fabrication des fromages.

Dans cet arrondissement, les vaches appartiennent, à peu près en nombre égal, aux trois races hollandaise, flamande et normande. Importées amouillantes, elles sont le plus souvent alimentées de telle sorte qu'elles puissent être vendues à la boucherie à la fin de la lactation.

En Champagne on trouve aussi quelques médiocres hollandaises, et, dans les environs de Saint-Dizier (Haute-Marne), elles contribuent dans une certaine mesure à produire le lait dont a besoin une population industrielle très dense.

Mais on retrouve un petit groupe d'animaux de cette race, pouvant être évalué à 4,000 têtes, dans le département de la Gironde, sur la rive gauche de la Garonne et de la Gironde, entre Bruges et Saint-Vivien. La formation de ce groupe est dû aux relations commerciales si importantes qui ont existé entre Bordeaux et la Hollande depuis des temps très reculés. Les pâturages bas des rives du fleuve et un climat relativement humide ont permis le maintien de ce groupe, non par la sélection seule, impuissante à conserver, dans ce milieu, les caractères et les aptitudes de la race, mais par des importations très fréquentes de mâles et de femelles. Du reste, en raison des besoins de la grande ville de Bordeaux en lait de consommation directe, les éleveurs de hollandais se sont toujours bien plus attachés aux aptitudes laitières qu'au maintien des caractères distinctifs.

D'autre part, la zone des pâturages propices à l'entretien des animaux de cette race étant très limitée ne s'est pas agrandie et ne s'agrandira pas.

Les importations constantes de reproducteurs d'origine ont bien plus contribué à maintenir ce groupe de hollandais que les concours d'animaux laitiers organisés par la Société d'agriculture, les Comices du Médoc et de Cadillac et la fondation Camille Godard.

La spéculation de la vente du lait en nature comporte la vente des veaux très jeunes, entre 8 et 15 jours, et l'élevage de quelques génisses pour le remplacement des vaches de réforme et de quelques taureaux. Ceux-ci sont mis en service quand ils ont 14 à 15 mois et sont conservés jusqu'à 4 ans. Naturellement, on n'élève pas de bœufs.

La production en lait d'un vêlage à l'autre (12 mois) est évaluée à 3,200 litres. Il faut 28 à 30 litres de lait pour faire 1 kilogramme de beurre.

Les vaches de réforme engraissées atteignent le poids moyen de 500 kilogrammes sur pied, avec un rendement de 54 p. 100. Le cuir figure pour 5.25 p. 100 du poids vif.

Étant donné le climat et la susceptibilité des animaux aux piqûres des mouches, on est obligé de pratiquer le pâturage mixte, avec rentrée à l'étable pendant les heures de grande chaleur et la nuit. En saison d'hiver, la stabulation est complète.

RACE NORMANDE.

La race normande et ses dérivés tiennent le premier rang, en France, comme nombre de têtes, comme poids vif total et comme champ d'expansion. On peut, en effet, porter à plus de 1,600,000, sans compter les veaux au-dessous de 6 mois, le nombre des animaux qui composent ce groupe et à près de 500,000 tonnes leur poids vif total.

Des cinq départements normands que peuple cette race, à part une quarantaine de mille de bœufs d'embouche de provenances diverses, à part aussi des zones très restreintes où on pratique le croisement durham, et quelques importations de vaches flamandes et hollandaises dans la partie de l'arrondissement des Andelys qui borde Seine-et-Oise, elle s'est répandue dans un grand nombre de départements du Centre, du Nord-Est et du Nord-Ouest, s'y substituant progressivement aux animaux d'autres races, au point de constituer l'unique population bovine de tout ou partie de certains d'entre eux.

DÉPARTEMENTS.	TÊTES.	OBSERVATIONS.
Manche	300,000	*Totalité de la population.*
Calvados	253,000	*Idem.*
Orne	165,000	*Idem.*
Eure	122,000	*Idem.*
Seine-Inférieure	246,000	*Idem.*
Eure-et-Loir	93,000	*Idem.*
Somme	15,000	1/10, partie Ouest.
Oise	26,500	1/10, partie Ouest.
Loiret	83,000	2/3.
Loir-et-Cher	57,000	2/3.
Indre	33,000	1/3 des vaches.
Indre-et-Loire	20,000	1/3 des vaches et génisses.
Cher	11,000	1/3 des vaches.
Aisne	20,000	1/3 des vaches et génisses.
Seine-et-Marne	66,000	6/7 des vaches et génisses.
Seine-et-Oise	30,000	1/2 des vaches.
Mayenne	20,000	Nord du département.
Marne	20,000	1/4 des vaches et génisses.
Sarthe	27,000	1/10 des vaches et élèves.
Ille-et-Vilaine	15,000	N. E. du département.

En suivant la race normande dans les différentes parties de cet immense territoire, auquel il faudrait ajouter diverses régions où nombre de ses sujets sont journellement introduits, soit pour contribuer à la production du lait nécessaire aux industries laitières qui se sont multipliées, comme en Vendée et dans les deux Charentes, soit pour alimenter les grandes villes, nous nous rendrons compte que son champ d'expansion est encore appelé à s'accroître dans le Centre et dans l'Ouest, partout où la production laitière a de l'importance, à mesure que la culture se perfectionne et que la production fourragère gagne en quantité et en qualité. Cette expansion n'aura pour limites que celles imposées par l'élevage d'autres races ayant une destination économique différente (travail et engraissement), ou par celui de races laitières diverses présentant des qualités équivalentes, ou qui sont mieux appropriées soit au climat, soit au régime que des circonstances spéciales leur imposent. Cela tient à ce que la vache normande est, parmi les grandes races laitières, celle qui perd le moins de ses qualités quand elle est transportée en dehors de son grand centre de production ; celle qui accepte le mieux des régimes différents soit de pâturage, soit de stabulation ; qui, n'ayant pas une trop grande finesse de cuir, ne redoute pas la piqûre des insectes ; qui supporte des chaleurs estivales relativement élevées ; enfin, qui fait une bonne fin par l'engraissement, après avoir produit des veaux de bonne qualité.

Y a-t-il lieu d'établir actuellement des distinctions de races et de sous-races dans les animaux qui peuplent la Normandie ? Nous ne le croyons pas et c'était déjà l'avis de M. Gayot, lorsqu'il écrivait dans l'*Encyclopédie pratique de l'agriculture* :

« La fertilité du sol varie avec sa nature, avec ses conditions et ses qualités physiques. De là des variations nombreuses dans les produits qu'il donne et, conséquemment, dans les animaux qu'il s'est approprié. On voit surgir alors plusieurs variétés dans chaque espèce ; celle du bœuf n'y a pas conservé plus d'uniformité que les autres et l'on trouve, ici comme ailleurs, des nuances assez nombreuses, appelant des qualifications diverses qui toutes, cela va de soi, visent à la race. Les principales, celles qui forment, à vrai dire, le foyer de la grande famille normande, vivent et se reproduisent dans la Manche et le Calvados, sous les noms assez connus de race *cotentine* et de race *augeronne* ; mais il y en a beaucoup d'autres, et, notamment, la sous-race du *Merlerault*. Nous nous perdrions dans les détails, sans profit pour l'étude, si nous descendions à toutes les subdivisions de localités ; toute la population bovine indigène du pays normand émane de la souche cotentine : c'est donc celle-ci que nous devons nous attacher à bien connaître. »

Cette manière de voir est encore plus juste actuellement, car, depuis l'époque déjà lointaine où écrivait M. Guyot, l'uniformisation de la race normande dans toute la Normandie s'est accentuée dans de très grandes proportions, par le fait de l'importation constante d'animaux reproducteurs de choix provenant de la contrée où on les produit les plus parfaits.

Cette contrée comprend la partie des départements de la Manche et du Calvados située au nord et à l'ouest d'une ligne partant de Montmartin (arrondissement de Coutances), coupant en deux le canton de Cerizy-la-Salle, englobant les cantons de Percy et de Canisy (arrondissement de Saint-Lô), puis se dirigeant vers Falaise (Calvados) pour remonter de là à l'embouchure de l'Orne.

Est-ce à dire qu'ailleurs on ne puisse pas produire des taureaux de valeur ? Certainement non ; mais cette production ne peut être que limitée à quelques points privilégiés, et encore est-il nécessaire que les éleveurs aient recours de temps à autre à des importations de taureaux et même de femelles de cette contrée privilégiée, pour pouvoir maintenir dans leur élevage les qualités de la race.

Dans les grands concours généraux de Paris, si bien à portée de la Normandie et qui constituent un véritable marché de reproducteurs de choix, la Manche présente près des deux tiers des taureaux normands exposés et obtient les quatre cinquièmes des récompenses. Les taureaux du Calvados ne figurent, dans ces concours, que pour moins d'un tiers des présentations et moins d'un cinquième des prix. La Seine-Inférieure n'y compte qu'un très petit nombre d'animaux et l'Eure et l'Orne encore moins.

Dans la contrée délimitée ci-dessus et qui sera seule envisagée dans la première partie de cette étude sur la race normande, il y a encore lieu de faire des distinctions sous le rapport de la qualité. Ainsi, il faut placer en première ligne les animaux élevés dans le Cotentin (cantons de Valognes, Montebourg, Saint-Sauveur-le-Vicomte, Sainte-Mère-Église, Périers, Carentan, Saint-Jean-de-Dame [Manche], Isigny, Tira-vières, Bagneux [Calvados]), et aussi le Val-de-Saire (cantons de Quettehou et Saint-Pierre-Église [Manche]).

En seconde ligne, les animaux qui occupent les parties des arrondissements de Cherbourg et de Valognes non comprises dans le Cotentin, en donnant une mention spéciale à ceux de la Hague (canton de Beaumont).

Puis, vient l'élevage fait dans la partie sud-est de la grande zone indiquée et, en dernier lieu, celui du Coutançais.

M. Gayot décrivait comme il suit les caractères de la race normande : « Bien que la robe ait peu d'uniformité, la couleur dominante est le bai clair ou le bai foncé, sillonné verticalement de raies brunes ou noires, en quelque sorte bronzées, irrégulières; souvent aussi il y a des marques blanches : tout cela forme un pelage bizarre, particulier, auquel on donne le nom de *bringe*. « Ce manteau se reproduit avec assez de « fixité pour se retrouver, dit M. Magne, même sur les nombreux métis que cette race « produit dans la Picardie, la Brie, le Vexin, la Beauce, la Bretagne, l'Île-de-France, etc., « où elle a de tout temps envoyé des types reproducteurs ».

« La taille varie beaucoup, et les différences sont telles que les écrivains s'appuient sur elles pour diviser la population en deux tribus, l'une grande, qui serait la race de boucherie; l'autre petite, qui serait plus particulièrement la race laitière. Cette distinction ne nous paraît pas fondée; elle est due, ou à des différences de fertilité du sol, ou à des particularités individuelles plus ou moins faciles à expliquer, mais qui ne changent rien à la race.

« La tête est allongée, de moyenne grosseur, rarement crépue; la bouche est largement fendue comme dans les bêtes à gros appétit et à grandes exigences; les cornes, dirigées en avant, sont lisses, plus souvent courtes que longues, ordinairement contournées l'une vers l'autre et encadrant le front; le corps est long, mais d'apparence peu massive, bien que le ventre soit en général très développé; les membres sont courts; le squelette est gros et volumineux; la ligne de dessus, très ondulée par suite de fortes saillies osseuses, est tantôt ensellée, d'autres fois voûtée en sens contraire; la poitrine manque souvent de profondeur et alors le flanc est démesurément long et creux; souvent aussi, les hanches sont serrées, tant l'arrière-train est étroit, mince, peu développé dans la culotte; la peau, enfin, est plus épaisse que fine : la croissance est lente ou plutôt la maturité est tardive comme dans toutes les races qui vivent surtout en état de liberté et dont la civilisation s'est encore peu occupée. »

Passant ensuite à la variété augeronne, le même auteur dit : « Elle est un peu moins haute et un peu moins lourde que la race cotentine; elle a le cuir plus épais, les os encore plus gros; par contre, le ventre est moins volumineux et le flanc est plus plein; la tête est plus courte et plus large; on la dit plus rustique et supportant mieux les effets de l'acclimatation quand on la sort du pays natal. »

Le portrait n'était pas flatteur; mais l'intervention de la civilisation souhaitée par M. Gayot s'est largement fait sentir depuis; on a même failli dépasser le but, ou plutôt passer à côté; car, pour aller plus vite dans la voie de l'amélioration des formes, les partisans de l'introduction du sang durham, qui d'ailleurs étaient le très petit nombre parmi les éleveurs, ont eu recours au croisement, si bien que, malgré les efforts des autres et malgré que les pouvoirs locaux, les sociétés et les comices se soient prononcés très nettement en faveur de l'amélioration par le système de *l'in-and-in*, on a pu craindre, il y a quelque vingt-cinq ans, que, sur quelques points de la Normandie, les caractères distinctifs de la race disparaissent et surtout que ses remarquables qualités laitières ne fussent notablement diminuées. Il s'est produit alors une réaction énergique et générale, tant de la part des éleveurs que de la part du commerce; celui-ci, voyant chaque jour s'agrandir le champ d'expansion de la race normande en tant que laitière, recherchait avant tout les sujets se rapprochant le plus du vrai type.

L'amélioration d'une race laitière par le croisement avec une race de boucherie est une opération si difficile, si compliquée, qui exige tant de prudence, de méthode, d'habileté, qu'on ne pouvait espérer les trouver chez un nombre d'éleveurs suffisant pour assurer et généraliser le succès. On ne peut nier cependant que quelques-uns ont opéré avec beaucoup de discernement et obtenu d'excellents résultats, tels qu'on n'eût pu que souhaiter de voir partout poursuivre la transformation de la race par cette méthode.

Qu'importe, en effet, qu'elle fût obtenue par l'infusion de sang étranger ou par la sélection, pourvu que la destination primordiale ne fût pas modifiée?

Aussi, trouvons-nous bien vaines les discussions entre ceux qui soutiennent que les animaux normands ont dû l'amélioration considérable qu'on constate actuellement au sang durham et ceux qui affirment qu'il n'y est pour rien. Il peut y avoir, il y a certainement, bien qu'en nombre relativement restreint, parmi les bonnes normandes, des sujets dans les veines desquels coulent des traces de ce sang; l'important est que le type s'accuse bien nettement et que les qualités laitières soient aussi développées que possible.

D'ailleurs les introductions partielles, depuis déjà longtemps supprimées totalement, de reproducteurs durham ont eu ce grand avantage de faire comprendre aux nombreux partisans de la sélection quels étaient les défauts qu'ils devaient s'attacher à corriger dans leur race. C'est ce but qu'ils ont poursuivi.

Aussi voyons-nous le plus grand nombre des animaux de la race normande, dans leur meilleur centre d'élevage, présenter les caractères suivants :

Tête. — Chez le taureau, le front est large, un peu déprimé entre les orbites (c'est le coup de poing des éleveurs). Le chignon, qui forme une ligne ondulée, est garni de poils assez longs. Les os du nez, unis par une voûte en plein cintre, donnent une large ouverture aux narines. Le lacrymal et le grand sus-maxillaire présentent, depuis l'orbite et en avant de l'épine zygomatique, une dépression peu profonde qui, lorsqu'on regarde la tête de trois quarts, donne l'impression d'un profil rentrant, bien que réellement il soit droit, par suite de la largeur de l'arcade incisive. C'est dire que le mufle est large. Ceux qui sont relevés (bull-dogs) ne sont pas appréciés. Les yeux sont saillants, bien dégagés par un lacrymal derrimé, et doivent exprimer la douceur jointe à la force.

Chez la vache, le front paraît naturellement moins large, parce que la tête est plus allongée.

Les cornes, de dimensions plutôt restreintes, ont leurs chevilles osseuses insérées horizontalement et très obliquement en avant; la coupe de leur base est circulaire. Celles des vaches se redressent le plus souvent en se courbant en avant, tandis que celles du taureau, plus courtes et plus grosses, conservent la direction horizontale, tout en présentant la courbure.

Les vaches ayant la corne abaissée de façon à se recourber vers le front sont de plus en plus rares.

La couleur des cornes, blanche ou blanc jaunâtre à la base, devient blonde à l'extrémité et même brune chez les bêtes où les nuances foncées dominent dans la robe.

Robe. — Elle est, le plus généralement, caractérisée par l'existence de la *bringe*, ou marbrures plus ou moins foncées, très irrégulières et très différemment réparties sur le dos, les flancs, l'encolure et les membres. Les robes rouges ou marron bringées uniformes sont très rares. On trouve presque toujours à la tête, à l'encolure, au poitrail, des taches blanches plus ou moins grandes.

Actuellement on regarde comme robe à multiplier celle dite *bringée-caille*, où la nuance jaune tendre prédomine et où les taches blanches, spécialement à la tête, tiennent une place importante.

Lorsque l'ensemble donne l'impression d'une nuance très tendre, on lui donne le nom de *pagne*, qui n'est pas appréciée également par tous les éleveurs.

Les robes formées de taches rouges ou blondes et de taches blanches, sans bringe, et dites *caille-rouge*, *caille-blonde*, sont moins fréquentes et moins appréciées; mais ces robes ne constituent nullement une présomption de croisement avec d'autres races.

On admet que la prédominance du blond et du blanc dans la robe indique des sujets très tendres et très laitiers. Les animaux à tête blanche ne sont pas dépréciés, à la condition que les yeux soient entourés d'une zone foncée.

Les muqueuses et les parties du corps dénuées de poils sont roses ou rose jaunâtre; elles ne prennent une teinte plus foncée que chez des sujets ayant également un pelage très foncé. Mais toute tache nettement noire et bien délimitée (car des taches de rousseur se manifestent fréquemment à mesure que les animaux vieillissent) est considérée comme un signe certain de croisement ancien avec des animaux de race à pigment noir. Certains éleveurs vont jusqu'à rechercher la couleur claire pour les onglons.

Formes. — La rectification des défauts que présentaient les formes a été poursuivie et obtenue dans l'ensemble de la population de façon à développer les muscles à viande sans dépasser la mesure. Bien que sensiblement diminuée, l'ossature reste forte et assez anguleuse; le squelette est plus près de terre et on a renoncé à ces tailles excessives autrefois assez fréquentes. Si la taille moyenne varie entre 1 m. 40 et 1 m. 55 pour les taureaux et entre 1 m. 35 et 1 m. 45 pour les vaches, elle est notablement supérieure pour nombre d'animaux du Cotentin et du Val-de-Saire, où il n'est pas rare de trouver des taureaux ayant 1 m. 60 et plus et des vaches atteignant 1 m. 50.

On s'est attaché à élargir la croupe, à donner plus d'ampleur à la poitrine, à arrondir les côtes, à raccourcir le flanc, à diminuer et même supprimer le fanon, à rectifier l'attache de queue.

M. de Lapparent.

2

Le cuir est demeuré plutôt épais, mais il est moelleux et bien détaché.

Le développement des signes extérieurs des facultés laitières et beurrières a été l'objet de persévérants efforts. Les mamelles sont mieux équilibrées, moins charnues et ont moins de tendance à devenir pendantes. On a recherché dans les reproducteurs les écussons à grande surface, les veines mammaires sinueuses et saillantes, les larges fontaines du lait, les pellicules jaunâtres dans l'intérieur des oreilles et à l'extrémité de la queue.

Les résultats obtenus ont été d'autant plus rapides que les éleveurs de la Normandie ont la bonne habitude de ne faire saillir les taureaux que lorsqu'ils ont 14 à 15 mois et de les conserver au moins jusqu'à l'âge de 3 ans, et même plus longtemps, s'ils sont très bons. La monte a généralement lieu en liberté; mais assez souvent le taureau est placé séparément dans un clos où on lui conduit les vaches pour la saillie et aussitôt après on les sépare.

Les concours départementaux, régionaux et généraux ont beaucoup contribué à l'amélioration de la race. Les concours spéciaux institués depuis quelques années par l'État, et qui se tiennent tour à tour dans chacun des cinq départements de la Normandie, exercent aussi une très heureuse influence. Nombre de reproducteurs mâles et femelles sont achetés dans ces divers concours par les éleveurs et également par des sociétés agricoles. Mais c'est surtout dans les exploitations mêmes ou dans les concours locaux de la bonne zone d'élevage que sont faits les achats de taureaux, et les acheteurs demandent généralement à voir les mères et à se rendre compte de la valeur des troupeaux de vaches des éleveurs qui ont à vendre des jeunes mâles. La foire de taureaux la plus en renom est celle de la Chandeleur, à Montebourg. On y amène près d'un millier de ces animaux.

Dans le département de la Manche, les diverses associations agricoles, sociétés d'agriculture et comices distribuent environ 23,000 francs de primes aux taureaux, 10,000 francs aux vaches et 15,000 francs aux génisses. Des concours de taureaux ont lieu au printemps à raison d'un par canton; puis les cantons sont ensuite groupés par deux ou trois pour des concours de circonscription; enfin des concours d'arrondissement réunissent, à l'automne, taureaux, vaches et génisses. Dans ces derniers concours, des primes de conservation sont attribuées aux taureaux primés.

Lorsque le besoin de mettre un terme à l'infusion désordonnée de sang durham, et même schwitz, s'est fait nettement sentir, on a songé à créer un livre généalogique de la race normande.

C'est en 1884 que cette idée a pris corps et a fini par se réaliser. Le *Herd-Book* de la race normande, englobant les cinq départements de la Normandie, est le premier qui ait été fondé en France, et c'est sur ses bases que les livres généalogiques d'autres races françaises ont été établis depuis.

En voici les statuts :

ART. 1er. Sur l'initiative de M. Monod, préfet du Calvados, sous les auspices et avec le concours financier des Conseils généraux des départements du Calvados, de la Manche, de l'Eure, de la Seine-Inférieure et de l'Orne, M. de Lapparent étant inspecteur général de l'agriculture pour la région, est fondé un *Livre généalogique* ou *Herd-Book* de la race bovine normande.

ART. 2. Ce livre a pour but d'assurer le maintien de la pureté de cette précieuse race laitière et de contribuer par une sélection intelligente et continue à son amélioration.

Art. 3. L'administration du Herd-Book appartient à une Commission composée :

1° Du Préfet du Calvados, président;

2° D'un vice-président pouvant être pris en dehors des membres indiqués ci-dessous et nommé par eux;

3° De quinze agriculteurs, à raison de trois par chacun des cinq départements intéressés.

Art. 4. Le Préfet de chacun de ces départements désigne les membres qui doivent les représenter dès le début.

Art. 5. Lorsqu'il y a lieu de pourvoir, par suite de démission ou autre cause, au remplacement de l'un des membres, celui qui lui succède est également désigné par le Préfet du département qu'il représente, sur une liste de trois noms établie par la Commission.

Art. 6. La Commission centralise l'organisation, l'administration et la surveillance du Herd-Book; elle ordonne l'impression des bulletins et décide en dernier ressort sur toutes les difficultés et différends qui pourraient s'élever. Elle désigne parmi ses membres un secrétaire-rapporteur chargé de la rédaction des procès-verbaux.

Art. 7. La tenue du Herd-Book est confiée à un secrétaire-archiviste qui relève de la Commission, assiste à ses séances, mais n'a pas voix délibérative.

Art. 8. Le siège de la Commission du Herd-Book est fixé à Caen.

Art. 9. Sont portés au Herd-Book :

1° Les animaux reproducteurs de race pure et qualifiés au point de vue des formes et des aptitudes laitières. Ils ne sont admis qu'avec une très grande sévérité;

2° Les animaux issus des pères et mères déjà inscrits.

Art. 10. Pour être admis, à l'origine, les reproducteurs mâles doivent avoir au moins douze mois et les génisses deux ans. Encore cette admission n'est-elle faite pour ces dernières qu'à titre provisoire et ne devient-elle définitive qu'à la suite d'un nouvel examen fait après le premier vêlage.

Art. 11. Le registre des inscriptions dites d'*origine* reste ouvert pendant deux années à partir du 15 septembre 1883.

Art. 12. Les inscriptions dites d'origine sont faites gratuitement.

Art. 13. Les animaux présentés par les éleveurs sont examinés par la Commission dans l'exploitation même. Toutefois, la Commission se réserve la possibilité de réunir les animaux d'un même centre d'élevage sur tel point choisi comme étant à la portée des éleveurs demandant l'inscription.

Art. 14. Au cas où un des membres de la Commission présente des animaux pour l'inscription, il ne prend part ni à la délibération ni au vote.

Art. 15. Les opérations de la Commission ont lieu deux fois par an, vers la fin d'octobre et vers la fin d'avril.

Art. 16. Pendant la durée des sessions, le nombre minimum des membres présents doit être de sept, représentant au moins trois des départements intéressés.

Art. 17. L'examen des animaux est fait par séries. Une publicité suffisante est faite pour porter à la connaissance des agriculteurs les dates de demandes d'inscription.

Art. 18. Un livre de saillies à souche est remis à chaque propriétaire de taureaux inscrits.

Art. 19. Le propriétaire d'une vache inscrite au Herd-Book, qui la fait saillir par un taureau également inscrit, doit se faire donner, le jour même, par le propriétaire du taureau, un certificat de saillie tiré dudit livre à souche, avec la date exacte.

Art. 20. Le propriétaire d'un taureau inscrit qui fait saillir une vache également inscrite lui appartenant se délivre à lui-même un certificat de saillie dans les mêmes conditions.

Art. 21. Dans l'un et l'autre cas, l'avis de saillie destiné au secrétaire-archiviste est détaché du livre à souche pour être adressé à celui-ci par le propriétaire du taureau dans la huitaine.

Art. 22. Le produit de ces accouplements a droit à l'inscription au Herd-Book moyennant le versement d'une somme de 5 francs, qui doit être envoyée au secrétaire-archiviste en même temps que la demande d'inscription.

Art. 23. Cette demande (formulaire imprimé), signée de l'éleveur, doit contenir le nom donné par lui à l'animal et son signalement exact.

Art. 24. Elle doit être adressée au secrétaire-archiviste dans la huitaine qui suit la naissance. En retour, l'éleveur reçoit un certificat constatant que l'animal est inscrit au Herd-Book avec un numéro d'ordre.

Art. 25. Les inscriptions sont publiées par les soins de la Commission, dans un *Bulletin* annuel.

Art. 26. Le *Bulletin* comprend, en outre, la liste des animaux *confirmés* par la Commission.

Art. 27. Cette confirmation ne porte que sur la pureté de race.

Art. 28. Elle est donnée par une délégation de la Commission aux animaux issus de reproducteurs admis à l'origine ou de leurs descendants eux-mêmes confirmés. Elle se fait aux époques ordinaires de session, mais l'animal doit avoir atteint l'âge de huit mois.

Art. 29. Les animaux issus de reproducteurs confirmés dont les ancêtres l'étaient également jusqu'à la cinquième génération (comprise) n'ont plus besoin de confirmation, non plus que leurs descendants.

Art. 30. Les animaux inscrits à l'origine et les animaux confirmés sont marqués les uns et les autres, mais la marque est différente.

Art. 31. Toute fausse déclaration ou tentative de tromper est punie de l'exclusion du Herd-Book de tous les animaux de l'éleveur qui s'en est rendu coupable. Cette exclusion motivée sera insérée au *Bulletin*.

Art. 32. Une fois par an, avant le 1er juillet, les propriétaires d'animaux inscrits au Herd-Book sont tenus d'informer le secrétaire-archiviste des ventes et des morts survenues dans le courant de l'année pour que la mutation ou la radiation puisse être faite au *Bulletin*. En cas de vente pour l'élevage, le nom de l'acheteur et son domicile doivent être indiqués.

Art. 33. Le droit d'inscription au Herd-Book appartient à tout éleveur du territoire français devenu propriétaire de reproducteurs dits d'origine ou confirmés, aux mêmes conditions que pour les éleveurs des cinq départements, mais les animaux de ces derniers seulement peuvent être admis au titre d'origine.

Art. 34. Les membres de la Commission remplissent leurs fonctions gratuitement, mais sont défrayés de leurs dépenses de voyage.

Le secrétaire-archiviste reçoit une indemnité.

Art. 35. Les ressources du Herd-Book normand se composent :

1° Des allocations votées par les Conseils généraux;

2° Des versements faits par les éleveurs pour l'inscription des veaux nés de parents inscrits;

3° Des subventions que l'État pourrait accorder.

Art. 36. Un trésorier, nommé par M. le Préfet du Calvados et résidant à Caen, encaisse les fonds, tient la comptabilité, et fournit les justifications à qui de droit. Ces justifications sont signées du président ou du vice-président de la Commission.

Malgré la difficulté de faire accepter des idées nouvelles, dès la fin de la deuxième année les inscriptions au titre d'origine s'élevaient à 114 pour les mâles et 832 pour les femelles.

Mais alors, sur la réclamation des éleveurs des différentes parties de la Normandie, on dut renoncer à la limitation indiquée pour la période de ces inscriptions et successivement elle fut prolongée d'année en année.

Actuellement le dernier taureau et la dernière femelle inscrits au titre d'origine portent les numéros 295 et 1481; le nombre d'animaux inscrits comme issus de parents inscrits s'élève à 7,340.

L'ensemble de ces inscriptions se répartit très inégalement entre les cinq départements : 3,225 dans la Manche, 1,457 dans la Seine-Inférieure, 2,146 dans le Calvados, 1,078 dans l'Eure, 920 dans l'Orne, 226 dans les autres départements; 96 aux États-Unis, 5 au Canada, 15 en Belgique. Cette répartition fait bien ressortir que la Manche est le vrai centre d'élevage des bons reproducteurs, d'autant plus qu'un certain nombre d'animaux, surtout des taureaux, figurant dans d'autres départements, sont nés dans le Cotentin.

Si les petits éleveurs possédant seulement quelques animaux ont cessé peu à peu de demander l'inscription de leurs produits, le Herd-Book normand reste toujours en faveur dans les grandes étables qui trouvent facilement, grâce à leur clientèle, à vendre les produits classés à des prix avantageux. Il y a pour ces animaux une majoration moyenne de 200 francs sur les prix de vente. On se plaint même de ce que certains éleveurs sont portés à exagérer cette majoration, qui nuirait dans une certaine mesure aux transactions dont les reproducteurs normands sont l'objet.

Depuis l'institution du Herd-Book, une centaine de ces reproducteurs ont été expédiés en Amérique. Au concours de l'Exposition universelle, un grand éleveur de l'État de Vermont en a acquis une quinzaine. Cette exportation aurait certainement pris un développement plus considérable sans les entraves résultant de la quarantaine de quatre-vingt-dix jours imposée aux provenances de France.

Le produit en lait d'une bonne cotentine dans les riches herbages de son pays d'origine peut être porté de 2,800 à 3,000 litres pour une durée de lactation de 8 mois. La moyenne de production par jour des deux ou trois premiers mois, à l'époque de l'herbe, s'élève à 20 litres.

Il y a certainement des vaches qui dépassent ces rendements, mais c'est le petit nombre.

Par l'écrémage spontané, généralement usité, il faut moyennement 22 à 24 litres de lait pour faire 1 kilogramme de beurre en saison de stabulation, et 28 à 30 pendant la période de pâturage, qui dure huit mois.

Les normandes sont généralement très faciles à traire; à l'herbage même on ne les attache pas pendant la traite.

On fait naître les veaux toute l'année, mais de préférence à l'automne et surtout au printemps. Qu'ils soient destinés à la boucherie ou à l'élevage, ils ne tettent jamais la mère. On les nourrit au baquet avec du lait complet pendant quinze jours ou un mois, puis avec du lait écrémé auquel on ajoute des farineux, tels que la farine de blé cuite, puis délayée, quand la destination est l'abattoir. C'est d'ailleurs un petit nombre, un cinquième à peine, car la presque totalité des femelles et ceux des mâles qui sont bien conformés et issus de parents bien qualifiés sont conservés pour l'élevage et sevrés progressivement vers l'âge de 5 à 7 mois, quand ils sont nés avant l'hiver, et plus jeunes s'ils naissent au printemps.

Les veaux de boucherie de la Hague vendus à 3 mois pèsent 130 à 140 kilogrammes. Ceux du Val-de-Saire et du Cotentin conservés jusqu'à 5 mois atteignent 200 kilogrammes. La statistique n'attribue pas moins de 57,000 génisses à la Manche et 42,000 au Calvados.

On fait ordinairement saillir les génisses à 2 ans, quand les pinces de remplacement sont poussées.

Elles sont en partie vendues jeunes, pour être élevées dans d'autres contrées, et en partie conservées jusqu'à l'époque voisine de leur premier vêlage pour être vendues *amouillantes*. Elles ont alors près de 3 ans.

Les bouvillons sont châtrés de 3 à 4 mois, ou vers 6 mois, selon qu'ils sont nés au printemps ou en hiver.

L'accroissement constant de l'industrie laitière et de la production des élèves destinés à la vente et l'accentuation de la faveur accordée aux bœufs précoces de croisement durham ont porté à diminuer progressivement l'élevage des bouvillons. D'autre part, la précocité plus grande obtenue par l'amélioration des reproducteurs et par celle de la nourriture dans le jeune âge a fait renoncer de plus en plus à soumettre au joug ceux qu'on élève. Il y a une trentaine d'années que les bœufs ne travaillent plus dans le Cotentin, vingt ans dans le Val-de-Saire, quinze ans dans les arrondissements de Cherbourg et de Valognes. A Saint-Lô, dans le sud de l'arrondissement de Coutances, et dans l'Avranchin, on attelle rarement les bœufs. C'est dans les cantons de Mortain, de Barenton et du Teilleul qu'on en trouve le plus. La statistique n'indique que 12,000 bœufs de travail pour la Manche, alors que les existences de bouvillons au-dessus d'un an sont portées à 35,000. Dans le Calvados on n'emploie aucunement les bœufs au travail et on y élève cependant 15,000 bouvillons.

Les uns sont vendus jeunes pour continuer à se développer dans d'autres contrées telles que l'arrondissement de Domfront (Orne); les autres ne sont vendus qu'à l'âge de 3 à 4 ans pour être engraissés soit dans les herbages d'embouche du nord du département, soit à l'étable dans le sud. Le poids vif de ces jeunes bœufs, quand ils sont vendus gras, varie entre 600 et 750 kilogrammes. Le rendement net en viande est de 56 p. 100, présentant une augmentation de 2 à 3 p. 100 depuis une quarantaine d'années. Le cuir pèse en moyenne 50 kilogrammes. Aux concours généraux d'animaux gras de Paris, le poids moyen des bœufs normands exposés, âgés de plus de 3 ans, dépasse ordinairement 1,000 kilogrammes. Ce poids atteignait même 1,072 kilogrammes en 1895 avec un maximum de 1,166 kilogrammes. Le poids vif moyen des vaches à l'état maigre présente des différences considérables suivant les milieux où elles vivent. De 350 kilogrammes dans les parties granitiques, telles que la Hague, il passe à 550 et même 600 kilogrammes dans les riches fonds du Cotentin et du Val-de-Saire. La statistique décennale de 1892 indique le poids moyen de 346 kilogrammes pour les vaches de la Manche et de 387 kilogrammes pour celles du Calvados. On s'accorde à dire que le poids vif s'est partout accru de 10 à 12 p. 100.

Dans les concours généraux, les vaches grasses normandes pèsent en moyenne 750 kilogrammes. Il y en a parfois qui dépassent 800 kilogrammes. Généralement les animaux présentés viennent du Cotentin ou du Val-de-Saire.

Il n'est pas sans intérêt de donner ici le rendement de bœufs normands primés dans un de ces concours.

	BŒUF.	
	DE 5 ANS 4 MOIS.	DE 4 ANS.
Taille	1^{m}57	1^{m}57
Poids vif à l'abattoir.	1,010^k	930^k
Poids des quatre quartiers, cuir et suif.	846	741
Poids de quatre quartiers seuls.	668	587
Proportion p. 100 des quatre quartiers au poids vif. .	66.139 p. 100	63.118 p. 100
Poids du suif.	123^k	100^k
Proportion p. 100 du suif au poids vif.	12.17 p. 100	10.753 p. 100

	BŒUF	
	DE 5 ANS 4 MOIS.	DE 4 ANS.
Poids du cuir..............................	55^k	54^k
Proportion p. 100 du cuir au poids vif.............	5.445 p. 100	5.80 p. 100
Pieds....................................	13^k	12^k
Canard...................................	4	4
Poumons et cœur...........................	8	10
Foie et rate...............................	10	11
Langue...................................	6	5
Sang....................................	38	31
Intestins, excréments, déchets	88	116

En s'éloignant de ce grand centre d'élevage, on constate que, dans l'Avranchin, aux sols fertiles de formation schisteuse et diluvienne, favorables à la production de la viande, l'infusion du sang durham a été plus marquée qu'ailleurs et a laissé plus de traces, bien que les éleveurs tendent de plus en plus à éliminer les croisements, tout en maintenant la conformation des bêtes à viande. Ce sont des taureaux du Cotentin qu'on importe depuis assez longtemps. Les animaux ont en général la tête plus développée et la robe plus claire; leur ossature paraît moins anguleuse; la taille ne dépasse guère 1 m. 45.

La qualité inférieure des sols schisteux et granitiques du Mortainais, de la région de Vire (partie sud du Bocage) et de la partie de l'Orne comprise entre le fleuve de ce nom et les territoires de Domfront, la Ferté-Macé et Carrouges, est cause que les animaux sont moins développés, ont une taille inférieure, atteignant 1 m. 30 à 1 m. 35. La population bovine n'y est pas homogène et, malgré que, par l'introduction répétée de bons taureaux et par de sensibles progrès dans la culture, il y ait une amélioration notable au point de vue de l'ampleur, de la largeur des hanches, du développement du crâne et du mufle, il y a encore beaucoup à faire sous le rapport de la finesse des cornes et du cuir, de la ligne de dos, de l'ossature trop anguleuse, de l'insuffisance des muscles des cuisses.

Dans toute la partie de la Manche située au sud des cantons de Montmartin, Cerisy et Percy, et avec d'autant plus d'intensité qu'on se rapproche de l'Ille-et-Vilaine, de la Mayenne et de l'Orne, on s'adonne à l'élevage des jeunes bœufs qui sont vendus aux herbagers vers l'âge de 3 ans, sauf ceux qui, affectés aux travaux de culture, sont conservés jusqu'à 5 ou 6 ans, puis engraissés. Ce sont les bœufs de travail de l'Avranchin qui, maigres, pèsent fréquemment 800 kilogrammes, et gras, dépassent parfois 1,000 kilogrammes.

Dans la région d'Auge (ouest du Calvados et nord de l'arrondissement d'Argentan, comprenant les cantons de Vimoutiers, Gacé, La Ferté-Fresnel, Exmes, Trun, Orbec, Broglie), les animaux sont plus amples, plus grossiers et de taille moyenne.

Nos correspondants de l'Orne signalent une grande amélioration des formes, en même temps que des aptitudes à la fois à l'engraissement et à la lactation, spécialement dans l'arrondissement d'Argentan, tout en constatant encore la faiblesse des reins, l'étroitesse de la poitrine et, trop fréquemment, une attache de queue un peu défectueuse. On y rencontre encore, un peu partout, des traces de croisement avec le durham, surtout aux environs d'Argentan, du Pin, de Mesle-sur-Sarthe, où l'on trouvait encore, il y a vingt ans, des animaux purs de cette race. Mais ces traces ont de plus en plus tendance à disparaître, sauf, toutefois, dans le sud-ouest du département, formant tout ou partie des territoires de Domfront, Passais, La Ferté-Macé, Juvigny et Carrouges, où l'influence du voisinage de la région dans laquelle on s'est le plus adonné à la pratique des croisements durham, en vue de la production des animaux de boucherie, se manifeste nettement.

Les sociétés agricoles et les comices des arrondissements d'Argentan, Alençon et Mortagne visent dans leurs concours à favoriser l'amélioration de la vraie race normande. Chaque année, on importe bon nombre de taureaux de choix de la Manche, et quelques cercles agricoles se sont entendus pour des achats en commun de ces reproducteurs et reçoivent à cet effet des subventions du syndicat des agriculteurs de l'Orne.

La taille des taureaux élevés dans ce département ne dépasse guère 1 m. 38 à 1 m. 40 et celle des vaches se tient aux environs de 1 m. 32. La statistique de 1892 attribue à celles-ci un poids vif moyen de 342 kilogrammes.

Le poids des bœufs de boucherie est moyennement de 600 à 700 kilogrammes et celui des vaches grasses de réforme de 450 à 550 kilogrammes, avec une augmentation très sensible dans la deuxième moitié du siècle et que certains portent à plus de 20 p. 100.

On nous indique des rendements moyens en lait de 24 à 26 hectolitres d'un vêlage à l'autre, dans les contrées d'Argentan, Vimoutiers, Mortagne, et la quantité de 25 à 26 litres comme nécessaire pour produire 1 kilogramme de beurre par ascension naturelle de la crème.

La nécessité de produire des quantités considérables de lait pour la fabrication du beurre et surtout des fromages de Camembert, de Pont-l'Évêque, de Livarot, fait que beaucoup d'agriculteurs vendent les veaux de 8 à 15 jours dans tout le rayon de cette fabrication, qui s'étend jusqu'à l'embouchure de la Seine, avec Lisieux pour centre. On n'y élève de génisses que pour le remplacement des vaches de réforme.

Au contraire, l'engraissement des veaux a une très grande importance dans la partie est de l'Orne avoisinant l'Eure et l'Eure-et-Loir. Il y est très bien fait par suite de l'addition au lait de farine d'orge, de saindoux fondu, d'œufs frais. Ces veaux sont vendus le plus généralement pour l'alimentation de Paris, à 3 mois et pesant de 120 à 150 kilogrammes, sur les marchés de Moulins-la-Marche et Laigle, et sur ceux de Damville et Saint-André (Eure).

L'élevage des génisses est considérable dans tout le territoire de l'Orne autre que celui où l'industrie fromagère est très développée, soit qu'elles y naissent, soit qu'elles y aient été importées par les commerçants. La dernière statistique décennale fixe à 36,000 têtes le nombre des génisses de plus d'un an dans l'Orne. C'est que, outre le remplacement des vaches de réforme, on produit les génisses amouillantes ayant été saillies vers l'âge de 2 ans. Beaucoup de ces génisses sont importées du Cotentin, du Haut-Bocage et du Bénin à l'âge de 10 à 20 mois, tout spécialement dans le nord de l'arrondissement de Domfront, qui imite en cela ce qui se fait dans les contrées de Vire et de Falaise et où, par suite, les éleveurs s'attachent moins à améliorer leurs propres reproducteurs. Ce sont, en quelque sorte, des contrées de transition où viennent s'approvisionner les marchands de vaches de toutes les régions où se fait l'importation des laitières normandes.

Dans les arrondissements d'Alençon et de Mortagne, on fait aussi de l'élevage de bouvillons qui sont mis à l'engrais à 3 ans, conjointement avec des bœufs de la Mayenne, de la Sarthe et de Maine-et-Loire, dans les herbages du Merlerault, de Nonant et de Gacé. Le territoire qui s'étend de Domfront à Carrouges, limitrophe avec la Mayenne, a pour spécialité d'élever et surtout d'engraisser des bœufs achetés dans la Manche aux foires d'automne. Ces animaux passent l'hiver dehors, mangeant les refus délaissés dans les herbages, auxquels on ajoute du foin et de la paille. Ils sont très printaniers; c'est-à-dire que, habitués aux intempéries, ils amendent vite au printemps et commencent à être livrables dès la fin de juin. Pour finir de garnir les herbages, au printemps, les normands herbagers vont chercher des bœufs maigres dans la Mayenne et le Maine-et-Loire.

Dans le département de l'Eure, il y a lieu, comme le fait observer notre collaborateur, M. Bourgne, de distinguer plusieurs zones :

1° Celle où la distance de Paris permet encore le transport économique du lait en nature et qui a pour limites extrêmes Étrépagny, Gaillon, Évreux et Nonancourt;

2° Celle des cantons herbagers du Lieuvain, comprenant tout l'ouest du département;

3° Enfin, entre deux, celle où la culture arable occupe la plus grande partie du sol, et où diverses industries laitières ont pris un assez grand développement.

Dans la première, si les vaches de la race normande sont de beaucoup les plus nombreuses, il y a aussi sur quelques communes de l'arrondissement des Andelys des hollandaises et des flamandes; l'élevage est insignifiant et même loin de fournir aux besoins des remplacements, qui se font par importations de bêtes parfaitement choisies au point de vue des qualités laitières. Mais alors les spéculations sont, pour les uns, la production maxima du lait entraînant la vente aussi rapide que possible des veaux et, pour les autres, l'engraissement de ces veaux pour l'alimentation de Paris.

Les normandes de cette partie de l'Eure présentent donc, en général, un grand développement et leur rendement annuel en lait est considérable, étant donné un régime tout différent de celui qu'elles ont dans la Basse-Normandie, ou même dans le Lieuvain. Certains éleveurs tiennent à ce que les taureaux aient le cuir très souple et des robes blondes, pour produire des veaux bien tendres. Les engraisseurs de veaux, les ayant achetés dix ou douze jours après leur naissance, arrivent à leur faire peser de 150 à 175 kilogrammes en trois mois. Les veaux nés en décembre et janvier sont les plus recherchés. Une bonne vache laitière peut, pendant la durée de sa lactation, fournir le lait nécessaire à l'engraissement consécutif de trois veaux.

Le département ne livre pas moins de 40,000 veaux par an à la boucherie, dont 25,000 pour Paris. Ils sont achetés sur les marchés de Gisors, Verneuil, Pacy, Saint-André, Nonancourt et Danville. Les deux premiers sont les plus importants. Sur le marché de Routot, les ventes se font pour l'approvisionnement de Rouen.

Dans les cantons herbagers du Lieuvain, on élève en liberté tous les animaux naissant sur l'exploitation. Les femelles sont gardées jusqu'à 3 ou 5 ans, pour être, dans tous les cas, vendues amouillantes; les mâles, castrés dans leur première année, sont vendus à l'âge de trois ans pour les herbages d'embouche. C'est dans cette contrée qu'on s'attache le plus à l'amélioration par l'importation de bons taureaux cotentins. Le comice de Bernay est légèrement entré dans cette voie, où il est suivi occasionnellement par celui de Pont-Audemer.

Dans les exploitations des régions intermédiaires, tous les jeunes mâles sont engraissés pour la boucherie locale, mais toutes les femelles sont élevées à l'étable, ne sortant que quelques heures chaque jour pour être conduites dans les prairies artificielles; ce mode d'élevage est une des causes principales pour lesquelles les animaux de ces contrées sont loin d'être irréprochables.

De ce qui précède, il résulte de grandes différences dans la population bovine de l'Eure, différences qui expliquent que nos correspondants nous fournissent des renseignements très divers, suivant le milieu qu'ils envisagent; par exemple, des poids de vaches grasses variant de 400 à 450 kilogrammes dans le pays d'Ouche à sol et alimentation médiocres (cantons de Beaumesnil et Rugles), s'élevant à 550 et 600 kilogrammes dans la contrée du Neubourg, atteignant jusqu'à 750 kilogrammes dans le Vexin; des rendements en lait de 15 à 16 hectolitres pour les vaches entretenues dans les centres agricoles les moins favorisés, tels que ceux d'Ouche ou de Bourgtheroulde, de 25 à 27 hectolitres dans la région du Neubourg, de 30 hectolitres et plus dans le Vexin et l'est du département.

Ce qui est général dans l'Eure, c'est l'abandon des croisements qui avaient compromis la race et le retour vers l'ensemble des caractères qui la constituent, en s'attachant au développement des individus, à l'amélioration des formes, en même temps qu'à l'accroissement des qualités laitières. Aussi ne rencontre-t-on plus que chez de petits cultivateurs des vaches, d'ailleurs très laitières, ayant le dos et la croupe étroits, les côtes plates, l'encolure longue et décharnée, une tête démesurément longue.

Pour l'ensemble du département de l'Eure, la statistique de 1892 donne comme poids moyen des vaches maigres 379 kilogrammes. Ce poids paraît bien élevé en comparaison de celui qu'elle affecte aux vaches de la Manche et du Calvados. A notre avis, c'est pour celles-ci qu'on s'est tenu bien au-dessous de la vérité.

Notons que les bons taureaux, maintenus à l'étable ou au piquet, sont conservés jusqu'à l'âge de 3 ans et même parfois de 4 ans, exerçant ainsi une action utile sur un élevage qui comprend 20,000 génisses et 6,000 bouvillons. Il est à remarquer que ceux-ci ne sont jamais destinés au travail, mais sont mis à l'engrais à 3 ans, ce qui prouve les progrès réalisés sous le rapport de la précocité. Vendus gras vers l'âge de 4 ans, ces bœufs, d'une taille moyenne de 1 m. 45, pèsent de 650 à 700 kilogrammes.

Le pays de Caux, occupant dans la Seine-Inférieure toute la partie ouest, c'est-à-dire les arrondissements du Havre et d'Yvetot et une partie de celui de Rouen, possédait autrefois une sous-race normande connue sous le nom de *cauchoise*. De taille inférieure à celle de la cotentine (1 m. 30), la cauchoise, bonne laitière, était généralement longue, un peu étroite, avec une tête assez allongée, souvent blanche. Sa robe était blonde avec un peu de blanc.

Les cauchoises ne forment plus actuellement qu'un trentième de l'effectif.

Les agriculteurs du pays de Caux, visant à la fois à la production du lait et à celle de la viande, s'adonnèrent au croisement avec le durham. Il se créa même plusieurs étables de durham, dont une seule subsiste actuellement, celle de M. Burel, de Fongueusemare, éleveur très distingué. «Le croisement, nous écrit-il, fut peut-être poussé un peu trop loin et le commerce se plaignit que les animaux avaient trop de gras; d'un autre côté, comme les éleveurs produisaient moins de lait, ils abandonnèrent le croisement avec le durham pour y substituer celui du cotentin.»

C'est vers 1880 que s'est produite cette modification dans l'élevage des bêtes bovines de cette région. Mais il est incontestable que, en plus de nombreuses étables possédant des croisements surtout dans les cantons de Fécamp et de Goderville, le sang durham y a laissé des traces très apparentes et très durables, en sorte que le nombre des animaux de pure race normande n'est pas très considérable. « Ce nombre, dit notre correspondant, M. Lavoinne, a certainement augmenté depuis une vingtaine d'années, lorsqu'on a acquis la certitude que le croisement désordonné ne pouvait donner que des déboires. Les premiers croisements durham ont été admirables comme développement précoce, comme formes et souvent même comme production laitière; mais, par la suite, comme dans tous les essais de ce genre, les qualités laitières ont commencé à disparaître, principalement sous le rapport de la durée de la lactation, puis le développement a baissé d'une façon sensible, la rusticité a diminué. La meilleure preuve de cet abandon du durham est que sur 25 ou 30 taureaux achetés annuellement par les sociétés d'agriculture du département, il y a maintenant à peine un durham, et le jour est proche, s'il n'est déjà arrivé, où on n'en achètera plus aucun, tandis que, il y a quinze ans, on ramenait les deux tiers de taureaux de cette race sur le nombre indiqué. » Ces reproducteurs, revendus aux enchères, sont destinés à faire la saillie des vaches appartenant aux membres des diverses associations agricoles.

Les animaux de cette région ont une tendance à avoir une couleur blonde avec taches blanches, qu'on attribue non à la sélection, mais au climat et au régime du pâturage au piquet.

Le rendement total en lait d'un vêlage à l'autre, y compris celui absorbé par le veau, est moyennement de 2,400 litres, avec un maximum de production journalière en pleine lactation de 17 litres. Le kilogramme de beurre est obtenu avec 23 à 24 litres de lait.

C'est au pays de Caux qu'il faut attribuer la plus grande partie des 15,000 bouvillons et des 11,000 bœufs à l'engrais que la statistique signale dans la Seine-Inférieure. On fait naître les veaux d'élevage de janvier à mai, de manière à ce qu'ils soient suffisamment développés à l'entrée de l'hiver. Allaités au baquet, d'abord au lait, puis au lait écrémé, et châtrés à 4 ou 5 mois, peu de temps avant le sevrage, ces bouvillons sont presque tous engraissés chez l'éleveur, moitié au pâturage à 2 ans et demi, moitié à l'étable à 3 ans. Ces jeunes bœufs gras pèsent de 500 à 600 kilogrammes, avec un rendement de 55 p. 100 et un poids de cuir de 45 kilogrammes.

Les vaches pèsent en moyenne 500 kilogrammes. Il y a eu diminution d'un cinquième depuis cinquante ans.

On ne garde que les génisses destinées au remplacement des vaches de réforme. Elles sont saillies vers l'âge de 15 mois.

Les taureaux commencent la saillie à 1 an et sont rarement conservés au-dessus de 3 ans. Ils sont généralement maintenus en stabulation permanente. Le pâturage, avec couchage presque général dehors, dure environ 6 mois et demi.

Le pays de Bray et l'arrondissement de Neufchâtel, où les industries laitières ont eu de tout temps une grande importance qui n'a jamais cessé de s'accroître, ne se sont pas laissé entraîner, à beaucoup près, comme l'ouest du département, dans la voie des croisements avec le durham. La très grande majorité des étables y est composée de normandes pures dont la valeur est maintenue par des importations constantes de bons taureaux du Cotentin. Le Comice de Neufchâtel en introduit chaque année une dizaine. On recherche les robes qui ne sont ni trop foncées ni trop claires. La taille des vaches varie entre 1 m. 35 et 1 m. 45; celle des taureaux entre 1 m. 45 et 1 m. 55.

Le produit en lait des bonnes vaches pendant une durée de lactation de 9 mois atteint 2,600 à 2,800 litres. Il en faut 22 à 24 litres pendant la période de stabulation (décembre à avril) et 26 à 28 pendant celle de pâturage pour obtenir 1 kilogramme de beurre.

Dans cette contrée l'élevage des génisses est important, car on n'y conserve pas les vaches au-dessus de 10 ans.

Si, outre presque tous les mâles, on engraisse comme veaux de boucherie les génisses qui naissent pendant l'été, on élève celles produites en hiver et au printemps.

Les taureaux vivent le plus souvent en liberté avec les vaches et font la saillie très jeunes. Ils sont rarement conservés après 3 ans.

L'engraissement des vaches à l'herbage, dans le pays de Bray, est une industrie assez importante. Elles arrivent à la boucherie avec un poids de 600 à 650 kilogrammes et un rendement approchant de 50 p. 100.

Il nous faut suivre maintenant la race normande en dehors de la Normandie.

Dans le département de la Somme, sur les confins de la Seine-Inférieure, elle a gagné du terrain depuis quelques années, surtout du côté de l'embouchure de la Somme, et même jusqu'à Rue, alors qu'on ne la trouvait guère autrefois que sur les limites de la vallée de la Bresle. Les éleveurs de cette contrée ont reconnu que les animaux de la race normande se comportent mieux au pâturage libre que ceux dérivés de la race flamande, surtout parce qu'ils redoutent moins les mouches.

L'Oise peut, sous le rapport du bétail bovin, se diviser en plusieurs régions :

1° Le pays de Bray et le territoire situé à l'ouest d'une ligne allant de Granvilliers à Beauvais et de là à Gisors, par Auneuil, sont presque exclusivement peuplés de normandes. C'est dans la partie nord de cette limite que se fait le contact avec la race picarde et, par suite, dans une certaine zone, l'entremêlement et même le croisement des deux races. Dans cette contrée le renouvellement se fait en majorité par des importations d'animaux de la Manche et du Calvados. On y introduit fréquemment des taureaux d'origine, et, en particulier, le Comice de Formerie en achète presque tous les ans dans les concours pour être revendus aux enchères. L'importance des industries laitières dans cette région ne laisse que peu de place à l'élevage; aussi les veaux sont-ils vendus très jeunes à des spécialistes qui les engraissent le plus souvent avec du lait écrémé additionné de farine et de fécule.

Il y a deux époques pour la naissance des veaux : celle de la mise à l'herbe et celle de la rentrée en stabulation. Celle-ci dure environ 6 mois, de fin d'octobre au 15 mai.

En saison de pâturage, la plus grande partie des animaux sont rentrés la nuit à l'étable. Les rendements en lait et en crème sont les mêmes que dans la région de Gournay;

2° Dans le pays de Thelle, situé au sud de la ligne ferrée allant de Beauvais à Gisors et s'étendant au sud-est jusqu'à Noailles et aux environs de Méru, on vise surtout à la production du lait pour l'alimentation de Paris, sans s'occuper des qualités beurrières. On y trouve autant de normandes que de hollandaises, quelques flamandes et même quelques schwitz. Les fortes laitières sont vendues après leur quatrième vêlage comme *Parisiennes*.

Il va de soi qu'on fait peu d'élevage et que le renouvellement se fait surtout par des importations de bêtes très bien choisies. Toutefois, dans le canton de Chaumont-en-Vexin, la Société d'agriculture cherche à propager la race normande en achetant des taureaux bien qualifiés de cette race, destinés à être revendus aux enchères à ses seuls sociétaires. Les bons taureaux sont conservés jusqu'à 3 et même 5 ans.

Comparativement, les normandes produisent de 2,000 à 2,400 litres de lait pour une période de lactation de 8 mois, alors que les hollandaises en produisent de 2,600 à 2,800 pour une période de 10 mois;

3° Le plateau de Picardie, occupant tout le territoire au nord d'une ligne allant de Beauvais à Compiègne, en passant par Clermont et Estrées-Saint-Denis, est peuplé par la race flamande et ses dérivés;

4° Le territoire compris entre Clermont et Estrées-Saint-Denis, au nord, et la rivière d'Oise, au sud, a beaucoup d'analogie pour la population bovine avec le pays de Thelle, sauf que la race flamande y est surtout associée avec la race normande; au lieu que ce soit la race hollandaise;

5° Le sud-est du département (rive gauche de l'Oise, région de Senlis, Valois, Multien) constitue un magnifique pays de culture où les grandes fermes dominent et avec elles la culture de la betterave à sucre et des céréales. L'espèce bovine y est aussi réduite que possible en vue de ne pas compliquer les travaux, qui se font avec des bœufs d'importation. Dans les exploitations où on entretient des vaches, elles sont soit de race normande, soit de race hollandaise.

6° Entre le plateau de Picardie et la limite est du département de l'Oise, de Compiègne à Lassigny, d'une part, et à Attichy, d'autre part, avec la limite de la vallée de l'Aisne, on trouve la flamande et la normande, cette dernière tendant à prédominer dans certaines localités. Les terrains argileux de cette région, arrosés par un assez grand nombre de cours d'eau, se prêtent à la production de l'herbe, de même que dans la vallée de l'Oise. Les éleveurs et les marchands de bestiaux y poussent surtout à la viande au détriment du lait. Certains éleveurs croisent les deux races.

La Société d'agriculture tient la balance égale entre elles; elle met chaque année en vente des reproducteurs flamands et normands. Les taureaux sont généralement maintenus à l'étable. On produit dans cette région de bons veaux de lait de 3 mois pesant de 140 à 150 kilogrammes.

L'élevage des génisses et des bouvillons est assez important. Les premières sont saillies vers l'âge de 16 mois. Les seconds, châtrés à 4 ou 5 mois, sont mis au travail vers trois ans. On les attelle avec des colliers ou au jouguet (collier en bois avec barre de fer contournant l'encolure et placé sur le garrot). Le développement de ces bœufs est complet à 5 ans. Ils mesurent alors environ 1 m. 55.

L'engraissement se fait à l'étable au moyen de racines, pulpes, balles, tourteaux ajoutés aux fourrages. Les bœufs gras de 5 ans pèsent de 900 à 1,000 kilogrammes, les vaches de 600 à 650.

On estime à 20 p. 100 l'augmentation du poids vif depuis vingt ans.

On engraisse aussi sur les tas de fumier, entourés de barrières, des jeunes bœufs et même des génisses jusqu'à l'âge de 2 ans et demi.

La production en lait des vaches entre deux vêlages varie entre 1,800 et 2,000 litres.

La partie du département de l'Aisne qui fait suite à cette 6° région, entre la rive droite de la rivière de ce nom et Laon, se trouve dans des conditions analogues pour le bétail bovin, toutefois, avec la prédominance des guisardes et le mélange d'un certain nombre de hollandaises. Au contraire, c'est la race normande qui prédomine dans le sud de l'arrondissement de Soissons et dans celui de Château-Thierry. Les croisements entre les deux races y sont nombreux.

L'importation annuelle par le Comice agricole de Château-Thierry de six bons taureaux normands, revendus aux enchères, a exercé une action des plus sérieuses sur l'élevage. On peut dire qu'il l'a transformé. Cela ne veut pas dire que la population bovine soit homogène, ce qui s'explique par la diversité des spéculations. Là où les cultivateurs se sont adonnés à la fabrication en grand des fromages de Brie, les vaches appartiennent en nombre à peu près égal aux races normande, flamande et hollandaise, étant achetées amouillantes.

Maintenues en bon état par une alimentation abondante, elles sont vendues à la boucherie quand la lactation est devenue insuffisante et remplacées par de nouveaux achats.

Pour la fabrication du beurre, la préférence est donnée à la race cotentine ou à ses croisements et alors on réserve pour l'élevage les sujets issus des meilleures laitières. Cette catégorie est la plus importante et comprend aussi bien la petite culture que les grandes exploitations. On n'estime pas à moins de 3o p. 1oo l'accroissement de valeur des animaux depuis vingt-cinq ans.

L'élevage porte également sur les bouvillons qu'on châtre à 4 ou 5 mois. Destinés à faire des bœufs de travail, ils sont utilisés pendant 3 ou 4 ans, puis engraissés sur place, tant à l'embouche qu'à l'étable. Les bœufs gras pèsent en moyenne 8oo kilogrammes et les vaches 65o.

Les éleveurs de cette catégorie ne font saillir les génisses que quand elles ont de 2o mois à 2 ans et gardent les bons taureaux jusqu'à l'âge de 4 ans, en les tenant constamment à l'étable.

Le rendement moyen en lait est de 1,600 à 1,7oo litres par an, pour une durée de lactation de 7 mois, et il faut de 24 à 28 litres de lait pour faire 1 kilogramme de beurre, suivant que l'alimentation a lieu au dehors ou à l'étable. Le pâturage dure 6 mois avec rentrée la nuit, sauf dans quelques fermes possédant des enclos.

En dehors des spéculations laitières, on pratique dans l'arrondissement de Château-Thierry l'engraissement d'animaux de diverses provenances, spécialement durham, manceaux, salers, normands, dans les importants pâturages d'embouche, créés depuis vingt-cinq ans, et, d'autre part, les exploitations basées sur la culture de la betterave industrielle utilisent des bœufs importés surtout de la région charolaise, qui sont engraissés à la pulpe quand les gros travaux sont terminés.

Dans le département de la Marne, où on fait peu au point de vue de l'élevage, il y a un grand mélange de races. Dans telle étable on trouve des normandes et des hollandaises, dans telle autre des ardennaises, des meusiennes.

De temps à autre, le Comice de Châlons sacrifie une certaine somme à l'achat de taureaux et de génisses pour être revendues aux enchères à ses membres, mais chaque fois la race choisie varie afin de contenter tout le monde. Il y a quelques années, ce Comice avait mis à l'étude le choix d'une race à introduire dans le département. On adopta la race schwitz; mais elle ne donna pas satisfaction à la plupart des membres du Comice et on dût y renoncer.

En Seine-et-Marne, pour la stabulation, ce sont les normandes qui forment la presque totalité de la population bovine. Les flamandes, hollandaises et schwitz ne se rencontrent que dans une bien moindre proportion. C'est une contrée d'importation de vaches et non d'élevage (7,000 génisses, — pas de bouvillons, pour ainsi dire), qui ne fait que profiter des progrès réalisés ailleurs; d'autant plus que les sociétés d'agriculture et les comices, composés en général de gros agriculteurs qui ont abandonné depuis plus de trente ans l'exploitation de la vache, ne se préoccupent pas de son amélioration. Ce sont les moyens et petits cultivateurs qui possèdent les vaches laitières.

L'extension du rayon d'approvisionnement en lait de Paris, celle des industries laitières, spécialement de la fabrication du fromage de Brie (façons Coulommiers, Meaux et Melun), ont conduit les producteurs de lait à se défaire des veaux aussi jeunes que possible (8 jours), et ont contribué à diminuer l'importance très grande qu'avait leur engraissement dans tout l'arrondissement de Fontainebleau et principalement dans les cantons de Montereau, Lorrez-le-Bocage et Nemours, et aussi dans les cantons de Bray-sur-Seine et Nangis (arrondissement de Provins). C'étaient les veaux renommés du *Gâtinais*, nourris au baquet, avec addition d'échaudés dans le lait. Aujourd'hui, les veaux de plus de six semaines sont l'exception.

Le commerce, répondant aux exigences des cultivateurs, n'amène que de bonnes normandes dans le département de Seine-et-Marne; aussi, grâce à une nourriture abondante, produisent-elles 3,000 litres de lait dans une période de lactation qui ne dure pas moins de 10 mois, parce que les vaches ne sont saillies que deux ou trois mois après le vêlage.

Dans les conditions d'entretien des vaches normandes en Seine-et-Marne, il faut en moyenne 25 litres de lait pour produire 1 kilogramme de beurre, tandis qu'il en faut 28 litres avec le lait des flamandes.

Dans les arrondissements de Nogent-sur-Seine, Arcis-sur-Aube et Troyes (Aube), la race normande, venue par étapes principalement de Seine-et-Marne, constitue également une partie importante de la population bovine; elle est en faveur dans les environs de Clairvaux et de Vendeuvre, quelquefois croisée avec le schwitz. Son élevage a de l'importance dans l'arrondissement de Bar-sur-Seine, en concurrence avec celui des races hollandaise et schwitz.

Dans l'Yonne, la race normande constitue les neuf dixièmes de la population bovine de tout le territoire situé à l'ouest d'une ligne allant d'Auxerre dans la direction de Troyes. Un peu au sud d'Auxerre et de Châtillon-sur-Loing commence le domaine de la race charolaise. Le renouvellement des vaches se fait par importation et aussi beaucoup par élevage sur place. On introduit bon nombre de taureaux du Cotentin. Le Comice de Joigny y contribue. De même qu'en Seine-et-Marne, les spéculations consistent dans la fabrication du beurre et du fromage et dans la vente du lait en nature pour l'approvisionnement de Paris.

En Seine-et-Oise, où les vaches sont presque exclusivement entretenues pour cet approvisionnement, les normandes forment plus de la moitié de l'effectif des vaches laitières. L'autre moitié se compose de schwitz, de flamandes et surtout de hollandaises. Les commerçants importent des bêtes particulièrement bien choisies qu'ils vont chercher dans les meilleurs centres d'élevage de la Normandie. Il en résulte que le rendement en lait atteint son maximum avec une alimentation à l'étable abondante et excellente.

Les 77,000 à 78,000 vaches qui peuplent l'Eure-et-Loir, avec une augmentation qui a été en moyenne de 600 têtes par an de 1882 à 1889, appartiennent presque exclusivement à la race normande et y sont renouvelées presque entièrement par importations, l'élevage comportant seulement l'existence de 6,000 génisses qu'on trouve plus spécialement dans le Perche. Ce sont généralement des bêtes bien choisies sous le rapport des qualités laitières, mais inférieures cependant à celles qui sont importées en Seine-et-Oise et ayant un moindre développement. Entretenues la plus grande partie de l'année à l'étable, elles produisent en moyenne 2,000 litres de lait d'un vêlage à l'autre.

L'engraissement des veaux est très en honneur dans la petite et la moyenne culture, surtout dans la partie nord-ouest du département, avec prolongement sur les confins de Seine-et-Oise. Il se fait par buvées, exclusivement au lait. Le talent des engraisseurs consiste à en faire absorber le plus possible aux veaux, qui sont vendus à 3 ou 4 mois sur les marchés de Brou, Chartres, Nogent-le-Rotrou, la Loupe, Courville, Châteauneuf, Illiers, Dreux, Maintenon et Houdan.

La production du lait pour l'approvisionnement de Paris s'étend jusqu'aux environs de Dreux, Chartres et Angerville.

Dans le Loiret, les arrondissements de Pithiviers et de Montargis sont, pour l'espèce bovine, dans les mêmes conditions que l'Eure-et-Loir. Il en est de même pour la partie de l'arrondissement de Gien qui comprend la vallée de la Loire, sauf, toutefois, une bande d'une dizaine de kilomètres sur les confins de la Nièvre, où commence l'élevage de la race charolaise.

Le bétail de l'arrondissement d'Orléans se compose, pour la partie du val de la Loire et pour celle du vignoble, soit de normandes, soit de vaches dites *mancelles*, qui sont, en réalité, maintenant un mélange des sangs normand, manceau et durham, et qui proviennent des foires de la Sarthe, particulièrement de Saint-Denis-en-Gâtine.

Dans la Sologne, qui appartient aux trois départements du Loiret, de l'Indre et du Cher, la soi-disant race solognote a complètement disparu, et l'élevage, fait dans de maigres pacages, ne présente, le plus souvent, que des croisements hétéroclites de parthenais, de normands et de charolais. Il en est de même dans la région de la forêt d'Orléans. Mais partout où la culture a fait des progrès et où la production fourragère s'est améliorée, c'est la race normande qui prévaut.

On ne fait d'élevage suivi de bêtes normandes que dans l'arrondissement de Gien, où l'on importe fréquemment des taureaux venant de Normandie, en donnant la préférence aux robes claires, contrairement à ce qui a lieu aux environs d'Orléans où on préfère les robes foncées; on les maintient de plus en plus à l'étable et il y a tendance à ne plus faire saillir les génisses trop jeunes.

Du reste, dans aucune partie du Loiret, les sociétés d'agriculture ou comices, pas plus que le Conseil général, ne s'occupent de donner une direction sous le rapport du bétail bovin.

Le Loir-et-Cher et l'Indre-et-Loire sont également des pays d'importation de vaches laitières où l'élevage local ne produit qu'une faible partie des animaux de remplacement et n'a pas eu de direction bien déterminée. Toutefois dans l'Indre-et-Loire, depuis 1896, le Conseil général affecte un crédit qui, après avoir été de 9,000 francs, n'est plus que de 3,000 francs, à subventionner des taureaux approuvés de races normande ou parthenaise, suivant le milieu, au moyen d'une prime de 1 franc par saillie inscrite sur un livre à souches. En 1899, il y avait dans ce département 30 taureaux subventionnés.

La race normande figure environ pour moitié dans les importations que font les marchands de vaches dans le Loir-et-Cher, l'autre moitié étant fournie par des animaux de croisement manceau-normand.

Dans l'Indre-et-Loire, ces derniers figurent pour deux dixièmes dans le nombre total des vaches laitières, et les normandes pour un dixième. Mais la répartition est très inégale, attendu que plus on se rapproche de la Vienne et des Deux-Sèvres plus la race parthenaise prend d'importance; en sorte que l'arrondissement de Tours possède à lui seul presque autant de vaches normandes que tous les autres réunis.

L'Indre-et-Loire constitue donc bien un terrain de transition où se trouvent mélangées les races parthenaise et normande dans des proportions très diverses et où les animaux de croisement, soit importés, soit élevés, tiennent une place considérable. Mais il y a lieu de constater que la seconde de ces races est en augmentation lente, mais constante, et qu'elle tend de plus en plus à s'implanter dans les grandes et moyennes exploitations, en refoulant vers le Sud les parthenais et les croisements divers.

L'envahissement par les normandes et les mancelles a été beaucoup plus rapide et plus intense dans le département de l'Indre, dont elles occupent tout le Nord presque exclusivement, suivant une ligne qui, laissant Châtillon au Sud, passe en dessous de Buzançais, puis de Châteauroux, et englobe l'arrondissement d'Issoudun.

La partie de la Sologne qui a Romorantin pour centre a pu elle-même, grâce aux grands progrès réalisés par son agriculture, substituer avantageusement ces laitières aux animaux défectueux d'autrefois, à la condition, toutefois, de les faire venir des centres d'élevage où elles n'ont pas été habituées à une nourriture trop riche et trop abondante et où, par suite, elles n'ont pas pris un trop grand développement. Les cultivateurs de l'Indre élèvent une partie des animaux nécessaires aux remplacements et, plus progressistes que ceux des départements voisins, ils font venir des taureaux des bons pays d'élevage de Normandie.

Si une longue presqu'île d'élevage charolais s'est étendue dans les vallées du Cher et de l'Arnon jusqu'aux portes de Vierzon, c'est encore la normande qui est venue, depuis trente ans, peupler par importations répétées la partie du Cher ayant Bourges pour centre et pour limites sud et est, Dun-le-Roy Baugy et Sancerre, remplaçant, même chez les petits cultivateurs, les animaux parthenais ou les croisements indéfinissables qu'on y voyait autrefois.

Dans toute cette région centrale, la race normande a fait ses preuves d'acclimatement. Si, d'une manière générale, son produit en lait y est moindre que dans la région Nord, moindre aussi que dans les contrées qui l'ont adoptée, soit pour la vente du lait en nature, soit pour l'alimentation des industries laitières, c'est qu'on ne la nourrit pas avec la même générosité et qu'on la soumet à des alternatives d'abondance et de privations. D'autre part, il est bien établi qu'elle fait toujours une fin plus avantageuse à la boucherie que toutes les autres races laitières essayées.

L'arrondissement de Mamers et le nord de celui du Mans, dans la Sarthe, ont beaucoup d'analogie, au point de vue de l'espèce bovine, avec la partie sud du département de l'Orne: de même que tout l'ouest de l'arrondissement de Saint-Calais en a avec les départements voisins de l'Eure-et-Loir et du Loir-et-Cher. Ce n'est que dans le voisinage de Château-du-Loir que le contact se produit avec les animaux de croisement durham-manceau.

M. de Lapparent.   3

Dans le département de la Mayenne, le tiers Nord de l'arrondissement de ce nom entretient des animaux de la race normande, mélangés à des croisements durham. Les cultivateurs des cantons de Landivy, Gorron, Ambrières, Lassay, Couptrain et Pré-en-Pail achètent dans la Manche des génisses de 8 mois à 1 an, qu'ils gardent jusqu'au moment où leur vêlage est proche et qu'ils vendent pour le renouvellement des contrées à vaches laitières d'importation. On ne fait naître que peu d'animaux dans cette zone, et les cultivateurs y sont tous plus ou moins marchands de bétail.

La race normande prend de plus en plus d'extension dans l'Ille-et-Vilaine. La partie de ce département où on en trouve le plus est formée par les cantons de Louvigné-du-Désert, d'Antrain et de Plaine-Fougères, où on élève un grand nombre de bouvillons qui sont vendus entre 6 et 15 mois, soit pour faire des bœufs de travail dans la contrée, soit pour être expédiés dans les herbages de la Somme, du Pas-de-Calais et de l'Aisne. De là, la race s'étend progressivement sur l'arrondissement de Saint-Malo, sur celui de Fougères, sur le nord-ouest de celui de Rennes et le nord de celui de Vitré.

Mais c'est encore plus par le croisement des vaches bretonnes avec le normand que par l'importation ou l'élevage d'animaux purs de cette race que s'opère la transformation du bétail de cette contrée.

Le développement de l'industrie laitière, l'influence des bouchers qui demandent des veaux plus gros, l'accroissement des cultures fourragères sont les causes de cette transformation. De plus en plus les taureaux cotentins sont recherchés. Non seulement ils sont introduits dans la plupart des étables des arrondissements de Rennes et de Montfort, mais encore dans un certain nombre de celles du nord de l'arrondissement de Redon.

Enfin, la création de nombreuses sociétés laitières coopératives dans le Sud-Ouest a amené certaines contrées, telles que la Charente-Inférieure, qui, avant la destruction du vignoble par le phylloxéra, n'entretenaient que des animaux de travail, à importer de nombreuses vaches laitières, parmi lesquelles celles de la race normande tendent à occuper une place de plus en plus considérable, par suite des bons résultats qu'on en obtient.

RACE MANCELLE.

La race mancelle qui, par le croisement avec le durham, a constitué le groupe considérable des durham-manceaux, si connu et si justement apprécié, et qui a été ainsi presque entièrement absorbée, avait pour principales qualités sa rusticité, sa sobriété, sa vigueur et aussi sa prédisposition à l'engraissement. Elle prospérait même dans les sols calcaires pauvres de la partie ouest du département de la Sarthe. Autrefois la vache mancelle était appelée la vache du pauvre.

Les caractères distinctifs de la race sont les suivants : tête blanche, où les yeux sont souvent entourés d'une auréole jaune, grosse, allongée, à chanfrein généralement busqué, front peu développé et yeux brillants bien sortis. Mufle large et narines très ouvertes.

Les cornes très développées, blanches et légèrement ambrées à l'extrémité prennent généralement chez les femelles une direction perpendiculaire à l'os frontal, pour se relever en une courbe gracieuse et régulière. Elles donnent à l'animal un aspect rustique et quelque peu farouche.

Chez le mâle, elles sont dans le prolongement de l'os frontal ; très grosses dans le jeune âge, mais leur développement ne suivant pas la croissance de l'animal, elles n'ont rien d'exagéré quand il a 3 ou 4 ans. Les adultes sont élevés sur jambes. Leur taille varie entre 1 m. 30 et 1 m. 50.

La nuance de la robe la plus commune est le jaune clair ou froment sur le tronc, avec la tête, le dessous du ventre et les membres blancs. Le pie jaune où le blanc domine est aussi fréquent.

Les parties dépourvues de poils sont blanc rosé. Les sujets les ayant tachetées de noir ou ombrées sont réputés avoir des traces de croisement avec les races suisses.

Dans leur ensemble, les formes ne sont pas très harmonieuses ; l'ossature est très développée, les membres sont gros et longs, les hanches basses, l'épine dorsale élevée, la queue implantée haut ; les côtes sont un peu plates et les cuisses insuffisamment musclées. Le cuir un peu épais ne manque pas de souplesse.

Bien rares sont aujourd'hui les étables qui ont conservé la race pure ; dans presque toutes le sang durham a pénétré, et au lieu de l'ancienne race robuste on trouve, dans les fermes à sols calcaires pauvres de la Sarthe, des bêtes communes, petites, n'ayant pu réaliser les avantages du croisement.

C'est en présence de cette dénaturation de la vieille race mancelle que la Société des agriculteurs de la Sarthe, sous l'heureuse initiative de son président, M. le sénateur Legludic, auquel nous sommes redevable de tous les renseignements relatifs à cette race, a entrepris, depuis six ou sept ans, de la reconstituer dans le milieu où il était encore possible d'en trouver des éléments et où il y avait intérêt à le faire, c'est-à-dire dans la contrée calcaire dépourvue d'herbages constituée par les cantons de Sillé-le-Guillaume, Conlie, la Suze et les environs du Mans. Ces éléments, bien disparates au début, furent l'objet d'une première sélection, surtout pour les reproducteurs mâles. Le but poursuivi était de donner de l'ampleur aux animaux et de l'harmonie à leurs formes. Des primes furent accordées aux meilleurs éleveurs de taureaux, tant par le Conseil général, qui consacre annuellement 1,500 francs à cet usage, que par la Société d'agriculture. Les résultats déjà acquis sont sérieux. Actuellement il existe un bon noyau d'animaux susceptibles de régénérer la race. Dire qu'on doit les considérer comme absolument purs serait peut-être exagéré. Du moins présentent-ils les caractères apparents distinctifs de la race.

Si bon nombre d'éleveurs s'emploient avec activité et intelligence à reconstituer la race, c'est qu'ils ont reconnu que cette contrée, malgré des améliorations culturales considérables réalisées, ne pouvait leur donner des résultats avantageux avec une autre.

L'avenir dira si les éleveurs de croisements durham-manceau n'auront pas intérêt à venir chercher dans ce petit centre reconstitué des éléments de vigueur et de taille pour leur élevage.

Lorsque la Société eût décidé de s'occuper de la reconstitution de la race mancelle, des conférences furent faites par son président, M. Legludic, dans les principaux cantons d'élevage, à Conlie, à Sillé-le-Guillaume et à Loué. Il fut nommé dans chacun de ces cantons une commission choisie parmi les meilleurs cultivateurs et éleveurs de la race.

Des listes furent envoyées dans toutes les communes et les cultivateurs furent invités à déclarer leurs animaux appartenant à la race mancelle ou s'en rapprochant le plus.

3.

Les déclarations, pour les trois cantons, s'élevèrent à plus de 900 animaux. Les déclarants furent invités par lettre à conduire leurs animaux au chef-lieu de la commune et la commission nommée dans chaque canton, secondée par le bureau de la Société des agriculteurs et le professeur départemental d'agriculture, procéda au classement des animaux. Les signalements de ceux qui étaient admis furent pris séance tenante sur un livre à souche; il en fut donné un récépissé au propriétaire. Ce récépissé portait également au dos l'adresse des propriétaires de bons taureaux recommandés par la Commission. Ces taureaux reçurent des primes; mais ils ne devaient saillir que des vaches ou génisses de race mancelle. Chaque propriétaire de taureau recevait un carnet de saillies, et il délivrait une carte pour chaque vache. La Société des agriculteurs voulait ainsi préparer la création d'un Herd-Book. 520 animaux furent définitivement inscrits.

Dès la même année, au concours départemental, il fut créé une catégorie spéciale de la race mancelle, à laquelle fut affectée une somme de 2,100 francs.

Les éleveurs répondirent aux efforts de la Société en s'occupant plus activement de leur élevage et, s'il fallait aujourd'hui faire un nouveau recensement, ce serait près d'un millier d'animaux bien améliorés que l'on trouverait.

Un syndicat spécial s'est déjà formé dans une commune.

La race mancelle est surtout entretenue en vue de la production des bœufs. Dans toutes les exploitations il y a une suite d'élevage : mâles et femelles sont conservés, surtout les premiers, qui sont castrés à quelques semaines et sont vendus comme bœufs d'embouche à 3 ou 4 ans.

Les jeunes veaux reçoivent le lait de la mère pendant un mois environ, puis, jusqu'à l'âge de 3 à 4 mois, du lait écrémé additionné de farineux et de tourteau de lin. Trop souvent ensuite on ne leur donne qu'une alimentation inférieure en qualité, sauf l'année où ils doivent être vendus.

Les taureaux sont conservés jusqu'à l'âge de 3 et même 4 ans. Ils sont logés à part et ne vont pas au pâturage.

Sauf de rares exceptions, les bœufs manceaux, autrefois très réputés comme travailleurs, ne sont plus soumis au joug.

On en engraisse fort peu sur place.

Les bœufs d'embouche de 4 ans atteignent un poids vif variant entre 700 et 800 kilogrammes. Les vaches grasses pèsent de 500 à 600 kilogrammes. Il n'y a pas de changement appréciable avec le temps passé. Le rendement à l'abattoir est de 53 à 58 p. 100 pour les bœufs et de 45 à 54 p. 100 pour les vaches.

Les vaches mancelles sont des laitières passables, atteignant rarement 1,800 litres pour une durée de lactation de 8 mois au plus. Il faut de 25 à 28 litres de leur lait pour faire 1 kilogramme de beurre.

CROISEMENTS DURHAM.

La race mancelle, née sans doute, dit M. Gayot, de la rencontre un peu fortuite, sur les territoires qu'elle occupait dans la Mayenne, la Sarthe et le Maine-et-Loire, des races parthenaise, normande et bretonne, travailleuse, médiocre laitière, mais recherchée par les herbagers normands pour sa facilité à prendre la graisse, possédait par ce fait les qualités nécessaires pour être la base d'un bon métissage avec le sang durham. Comme, d'autre part, la production d'animaux destinés à être livrés jeunes à la boucherie constituait une spéculation animale intronisée de longue date dans la contrée, il était naturel que les éleveurs entrassent largement dans cette voie, d'autant plus que nulle part ailleurs les étables de durham pur ne s'étaient autant multipliées dès le début.

De là la création du durham-manceau, qui a rapidement absorbé la race mancelle, prenant de plus en plus les caractères des durhams purs, avec une fixité à peu près complète. Cet élevage a fait promptement la tache d'huile et, actuellement, ce qu'on est convenu d'appeler durham-manceau, bien que, au nord et à l'ouest de la vaste région qu'occupent ces animaux il y entre plus de sang soit normand, soit breton, soit parthenais, que de sang manceau, s'étend sur la plus grande partie des départements de la Mayenne et du Maine-et-Loire, débordant largement sur ceux de la Sarthe, de l'Ille-et-Vilaine et de la Loire-Inférieure. Si le champ d'expansion des croisements durham se trouve arrêté au nord et au nord-ouest par les avantages que présente la production des animaux laitiers et à l'est par des conditions peu favorables à l'élevage, ils sont appelés à s'étendre encore dans la Loire-Inférieure, dans le sud de l'Ille-et-Vilaine et sans doute aussi dans quelques parties de la Vendée et dés Deux-Sèvres, à mesure que la production fourragère y deviendra plus abondante et de meilleure qualité; à mesure aussi que les agriculteurs trouveront qu'ils ont avantage à substituer le travail des chevaux à celui des bœufs.

Pour le moment, on peut donner pour limites au vaste territoire dont les croisements durham ont pris possession d'une façon presque absolue : au Nord, une ligne passant par Mayenne et Ernée; puis d'un point situé au sud de Fougères, s'inclinant au sud-ouest en traversant les cantons de Châteaubourg, Janzé, le Sel (Ille-et-Vilaine), pour prendre la direction du Sud sur les territoires des cantons de Bain, Grand-Fougeray, Derval et Nozay (Loire-Inférieure). De là, contournant le canton de Nort, cette ligne vient traverser la Loire un peu à l'ouest de Champtoceaux, passe par Montréal pour suivre ensuite la rive droite du fleuve jusqu'à Gennes, sauf un territoire restreint sur la rive gauche entre les Ponts-de-Cé et cette localité.

A l'Est, les limites traversent les cantons de Beaufort, Baugé, le Lude et Pontvallain (Sarthe). De ce dernier point elles remontent vers le Nord-Ouest par la Suze, Loué, Sainte-Suzanne et Evron. Ce n'est pas que, sur le pourtour de ces limites, on ne trouve encore un grand nombre d'animaux de croisement durham, mais, ou bien ils sont mêlés à des animaux d'autres races, ou bien les croisements n'ont pas atteint un caractère de fixité et ne sont pas homogènes. C'est ainsi que, dans la contrée à sols pauvres de Sillé-le-Guillaume, Conlie, Évron, à côté de durham-manceaux médiocres, on trouve encore des manceaux plus ou moins purs, mais ayant conservé une partie des caractères de la race; que, dans la région ayant le Mans pour centre, c'est un mélange de manceaux-normands, manceaux-durham-normands et normands; que le croisement des normands avec le durham se pratique côte à côte avec l'élevage du normand, à quelque distance au-dessus d'Ernée, et remonte de là sur Gorron jusqu'à Domfront, la Ferté-Macé, Montbard et ne s'arrête qu'à quelque distance d'Alençon et de Fresnay-sur-Sartbe: que, dans l'Ille-et-Vilaine, les taureaux durham ou durham-manceaux pénètrent, en concurrence avec les taureaux normands, à l'ouest de Rennes jusqu'à Tinténiac, Montauban et Montfort-sur-Meu et, plus au Sud, en concurrence avec les parthenais, jusqu'à la rive gauche de la Vilaine, avant le point où elle s'infléchit pour se diriger sur Redon.

D'autre part, au Sud, dans l'arrondissement de Cholet, qui est peuplé surtout d'animaux importés, les bœufs et vaches destinés à l'engraissement après un travail modéré appartiennent dans une grande proportion aux croisements durham-manceau ou durham-parthenais. Cette région est limitée par les territoires de Montfaucon, Mortagne et Argenton-le-Château, alors que l'arrondissement de Saumur est occupé par des vaches de races très diverses et de croisements mal définis. Enfin, plus au Sud, encore, dans le reste de l'arrondissement de Cholet, puis dans le nord du département des Deux-Sèvres, si les étables sont pour le plus grand nombre peuplées de vaches parthenaises, on rencontre aussi une certaine quantité d'animaux de croisement durham.

Les existences d'animaux dits durham-manceaux peuvent être évaluées à 674,000 têtes au-dessus de 6 mois, formant un poids vif total de 215,000 tonnes et se répartissant ainsi :

Maine-et-Loire.	246,000 têtes.
Mayenne.	217,000
Sarthe.	22,000
Ille-et-Vilaine.	40,000
Loire-Inférieure.	62,000
A l'engraissement dans les autres contrées.	87,000
	674,000

Le durham-manceau, dans toute la région où il a acquis une certaine fixité, se rapproche beaucoup du durham français sous le rapport de la conformation générale. Son ossature est fine, les côtes sont bien arrondies, la tête est petite, le cou court, le fanon peu développé, les cuisses suffisamment musclées; le cuir souple et peu épais pèse en moyenne 35 kilogrammes pour les jeunes bœufs et 30 kilogrammes pour les vaches. A 3 ans, ces animaux ont à peu près atteint toute leur hauteur, qui est moyennement de 1 m. 35 pour les vaches et 1 m. 40 pour les taureaux. Les robes varient à l'infini, mais celles qui dominent sont les rouanes et rouge acajou avec taches blanches restreintes.

L'élevage des produits jusqu'à cet âge est l'unique spéculation animale dans toute cette contrée. Ils sont vendus au printemps à l'âge, le plus généralement, de 2 ans et demi à 3 ans, aux engraisseurs d'embouche et de pouture, après avoir été mis un peu en état pendant l'hiver à l'aide du meilleur foin de la ferme, d'un peu de racines ou de choux et souvent de quelque peu de farineux. Le poids moyen après engraissement est de 600 kilogrammes pour les bons jeunes bœufs et de 500 kilogrammes pour les vaches. Le rendement en viande nette des premiers est voisin de 56 p. 100, avec une augmentation qu'on peut évaluer à 7 ou 8 p. 100 par rapport aux animaux de la race mancelle.

A titre de document, voici le rendement d'un bœuf de 29 mois 15 jours et d'un autre de 44 mois, primés dans un concours d'animaux gras :

Poids vif à l'abatage	740^k	845^k
Poids des quatre quartiers, cuir et suif	609^k	699^k
Poids des quatre quartiers seuls	493^k	580^k
Proportion p. 100 au poids vif	66.62 p. 100.	65.66 p. 100.
Poids du suif	74^k	86^k
Proportion p. 100 au poids vif	10.00 p. 100.	10.36 p. 100.
Poids du cuir	42^k	46^k
Proportion p. 100 au poids vif	5.67 p. 100.	5.54 p. 100.
Pieds et patins	10^k	10^k
Canard	3^k	3^k
Poumons et cœur	9^k	8^k
Foie et rate	9^k	10^k
Langue	4^k	4^k
Sang	11^k	27^k
Intestins, excréments, déchets	78^k	91^k

Les vaches sont généralement de très médiocres laitières. Le produit en lait, pour une période de lactation qui ne dure pas plus de 7 mois, n'atteint pas, ordinairement plus de 1,000 à 1,200 litres. Aussi les mères suffisent-elles à peine à l'allaitement de leurs veaux pendant le jeune âge. Le lait est d'ailleurs peu butyreux. Il en faut de 28 à 30 litres pour faire 1 kilogramme de beurre. C'est en raison de l'infériorité des durham-mancelles au point de vue laitier qu'on trouve quelques vaches jersiaises dans la plupart des étables de la Mayenne.

Dans ce département on ne fait plus travailler les bœufs durham-manceaux, non plus que dans l'Ille-et-Vilaine, la Sarthe et la plus grande partie du Maine-et-Loire située au nord du fleuve. Toutefois, dans la contrée à sols relativement pauvres de Baugé, les bœufs et même les vaches sont employés aux travaux agricoles et les premiers ne sont vendus pour être engraissés qu'à 4 ou 5 ans.

On n'engraisse que fort peu de veaux dans la contrée d'élevage du durham-manceau; presque tous sont conservés pour n'être vendus qu'à l'âge où ils peuvent être mis à l'engrais comme animaux faits. Sans que ce soit de règle, on fait naître de préférence au printemps et en été. Le châtrage des mâles se fait vers l'âge de 2 mois. Les taureaux commencent la saillie à 1 an et sont conservés jusqu'à 3 ans, à moins qu'ils ne soient durham purs, auquel cas on les garde jusqu'à 5 ou 6 ans. Ils sont maintenus en stabulation. On fait saillir les génisses à 15 et 16 mois.

Les bons jeunes bœufs élevés dans les meilleurs centres d'élevage du durham-manceau sont surtout achetés aux foires du printemps pour aller dans les merveilleux pâturages d'embouche du Calvados, Bessin, pays d'Auge et de l'Eure (marais Vernier). Ceux qui ont le moins de développement ou qui, élevés dans des milieux où le croisement durham n'a pas encore atteint la même perfection et la même fixité, présentent à un moindre degré les caractères recherchés pour l'engraissement, sont exportés pour aller peupler les pâturages d'embouche moins plantureux de l'Orne, du Pas-de-Calais (Boulogne et Saint-Omer), de l'Aisne (Château-Thierry, Thiérache), des Ardennes. Il en est de même des vaches de réforme, dont bon nombre vont aussi se faire engraisser dans les étables du Choletais, ainsi que les bœufs plus âgés, ayant été soumis au joug un certain temps.

Dans une intéressante étude sur les races bovines de Bretagne, publiée par le Ministère de l'agriculture, en 1870, M. Halna du Frétay, après avoir établi que la population bovine du département d'Ille-et-Vilaine, constituée par des animaux n'appartenant à «aucune race d'un caractère propre mais par un mélange de toutes les races limitrophes», bretonne, vendéenne, normande et même jersiaise, cherchait à faire prévaloir l'idée que le moyen le plus certain de l'améliorer à tous les points de vue, taille, formes, précocité, rendement de boucherie, qualités beurrières même, consistait dans l'introduction du sang durham.

Nous avons vu que ce mode d'amélioration avait donné de remarquables résultats, surtout pour la production des animaux de boucherie, au sud de l'arrondissement de Vitré, dans les cantons de la Guerche, Argentré, Vitré-Sud et qu'au delà il y avait concurrence entre le sang durham et le sang normand, avec une prédominance assez marquée en faveur de ce dernier.

Passant à la partie qui constitue le reste de la Bretagne (Côtes-du-Nord, Finistère, Morbihan), M. Halna du Frétay la divisait, au point de vue du bétail bovin, en trois zones distinctes : la première, formée de toute la partie située au nord d'une ligne allant des Monts d'Arrée à Menez-Bel-Air et peuplée, de Morlaix à Dinan, par des animaux ayant aussi peu de caractère et d'homogénéité que dans l'Ille-et-Vilaine, par suite de croisements désordonnés avec des races multiples (mancelle, normande, ayr, jersiaise, vendéenne); dans le Léon, d'une race blonde spéciale plus ample que la bretonne, que le croisement avec la race durham menaçait de faire disparaître; dans le nord de l'arrondissement de Brest, d'animaux bretons à taille plus élevée que ceux du sud de la Bretagne et, pour le plus grand nombre, modifiés par des importations de reproducteurs vendéens et manceaux.

Constatant que, dans toute la première zone, les progrès de la culture, l'amélioration de la qualité des fourrages par l'apport du calcaire, l'emploi des chevaux comme animaux de travail, permettaient de donner une importance de plus en plus grande à l'élevage et à l'engraissement des animaux de boucherie, M. du Frétay y préconisait sans réserve les croisements durham, qui avaient donné de très bons résultats dans le Léon.

Il arrivait à la même conclusion pour la zone du Centre-Bretagne, ou vallée du Canal, renfermant le bassin de Carhaix et limitée : à l'Ouest, par le pays de Châteauneuf et de Pleyber; au Sud, par les montagnes Noires, et à l'Est, vers Quintin, Uzel et le bassin du Blavet.

Là un type d'animaux, dit *de Carhaix*, «n'est autre que la race vendéenne entée sur une souche bretonne et parvenue à un degré de métissage d'une fixité suffisante pour l'avoir fait considérer comme race spéciale.» Les animaux de ce type à peu près disparu «étaient rouges et blancs, rassemblés, près de terre, amples et très carrés. Leurs extrémités nerveuses avaient une grande finesse, la côte ronde, la poitrine large, mais la croupe étroite et l'arrière-train déprimé. Le front, les cornes, le cerne fauve des yeux et du mufle, la physionomie entière rappelait le type vendéen, plus trapu, mieux suivi et plus fin, ramené aux proportions d'herbages déshérités de calcaire». C'est sur l'apport déjà important de cet élément par le canal ou les lignes ferrées, soit sous forme de chaux, soit sous celle de maërl, que M. du Frétay comptait avec raison pour compléter les avantages actuels que présente cette zone par la nature de ses sols argilo-schisteux et un climat humide qui favorise la pousse de l'herbe, et permettre de généraliser les croisements durham, qui avaient déjà donné d'excellents résultats aux ouvriers de la première heure.

Quant à la troisième zone, constituée par toute la partie de la Bretagne située au sud des deux premières, M. du Frétay constatait qu'elle était entièrement peuplée par la petite race bretonne. Aussi, étant donnée la pauvreté de la majeure partie des sols, l'emploi des bœufs aux travaux agricoles et le débouché considérable et rémunérateur que les éleveurs de cette excellente petite race laitière trouvaient au dehors, il concluait au maintien de son intégrité. Les pronostics et les desiderata de M. Halna du Frétay se sont en partie réalisés.

Actuellement, dans la première zone, les croisements durham, souvent avec trace de sang hereford, règnent en maîtres sur les cantons de Morlaix, Plouiguen, Taulé et Saint-Thégonnec et se sont étendus avec une très grande intensité sur ceux de Plouzevédé, Landerneau, Landivisiau, Ploudivy, Sizun et Lanmeur, ainsi que sur ceux de Plouaret et Belle-Isle (Côtes-du-Nord). On les retrouve également, mais moins nombreux, dans les territoires de Plabennec, Lesneven, Lannilis et Ploudalmezeau. On les rencontre aussi en grand nombre dans la contrée comprise entre Saint-Brieuc, Guingamp, Corlay et Quintin. D'autre part, dans la zone du Centre-Bretagne, ils forment une population assez compacte dans la contrée comprise entre Maël-Carhaix, Châteauneuf, Pleyben et Huelgoat.

Les sociétés d'agriculture et les comices du Nord-Finistère ont largement contribué à ce mouvement, en attribuant presque entièrement aux durham et aux croisements durham les importantes subventions qu'ils reçoivent de l'État et du département.

Il est probable que si le marché anglais, qui, à l'époque où écrivait M. Halna du Frétay, offrait un débouché très avantageux aux bœufs de boucherie du Finistère, ne s'était pas fermé, la transformation de l'élevage dans le sens des croisements durham se serait encore plus accentuée en Bretagne. L'éloignement de Paris a été, d'autre part, un élément défavorable au développement de la production des animaux de boucherie, enrayé aussi par l'extension de la vente des produits de la laiterie.

Il en est résulté une certaine incertitude dans la marche de l'amélioration de l'espèce bovine par le croisement, surtout dans la zone nord, où il y a une certaine tendance à revenir à l'ancienne race laitière du Léon; d'autant plus que les croisements durham ont été faits souvents sans tenir compte des aptitudes laitières. Le plus souvent aussi, les éleveurs ont procédé sans méthode aux accouplements, se servant de taureaux chez lesquels le croisement n'était pas encore bien fixé; en sorte que nombreux sont les animaux décousus, hauts sur jambes, à dos de carpe, à l'arrière-main faible et mal musclée.

Ces défauts sont loin de s'être autant manifestés dans la région du Centre-Bretagne, sans doute parce que les animaux dits *de la race de Carhaix* se prêtaient mieux à la combinaison des deux sangs, mais aussi parce qu'on s'y est plus régulièrement servi de taureaux durham purs, importés des environs de Morlaix, et parce que l'élevage y est fait en grande partie au pâturage.

Les élèves de croisement sont le plus souvent conservés dans le pays. Les génisses sont saillies très jeunes, parfois à 1 an. C'est à cet âge que les taureaux commencent à reproduire; ils sont généralement maintenus à l'étable et conservés jusqu'à 4 ans. Les bouvillons sont castrés à 10 mois. On les engraisse intensivement en stabulation d'hiver, quand ils ont dépassé l'âge de 2 ans. Bon nombre de génisses sont engraissées à 18 mois. L'engraissement fait avec le foin, le panais, la betterave et le son ne dure pas plus de 3 à 4 mois. Les principaux centres d'engraissement sont dans les pays de Sizun, Cormaria et Carhaix.

Avec une taille moyenne de 1 m. 40, les bœufs gras de croisement durham pèsent de 550 à 600 kilogrammes. Le rendement à l'abattoir a augmenté de 5 p. 100 depuis trente ans.

Un bœuf ayr-durham-breton de 23 mois, ayant obtenu un premier prix dans un concours général, a donné les résultats suivants :

Poids vif.	640ᵏ
Poids des quatre quartiers seuls.	445ᵏ
Proportion p. 100 des quatre quartiers seuls au poids vif.	69.53 p. 100.
Poids du suif.	54ᵏ
Proportion p. 100 du suif au poids vif.	8.43 p. 100.
Poids du cuir.	36ᵏ
Proportion p. 100 du cuir au poids vif.	5.62 p. 100.
Pieds et patins.	8ᵏ
Canard.	3ᵏ
Poumons et cœur.	6ᵏ
Foie et rate.	9ᵏ
Langue.	3ᵏ
Sang.	14ᵏ
Intestins, excréments, déchets.	62ᵏ

Il serait difficile et même impossible de préciser le nombre d'animaux méritant le nom de croisement durham qui existent dans les divers centres d'élevage et d'engraissement indiqués ci-dessus. Peut-être ne serait-on pas très loin de la vérité en l'estimant à 70,000 ou 80,000 têtes, comprenant 20,000 vaches et 15,000 bœufs d'engrais. Ce dernier nombre peut paraître exagéré, mais il y a lieu de tenir compte de ce que les engraisseurs vont acheter une assez grande quantité de jeunes bœufs croisés durham dans leur grand centre d'élevage pour compléter leurs étables.

Il faut se reporter à ce qui a été dit à l'article race normande pour se rendre compte de la situation du département de la Seine-Inférieure sous le rapport des croisements durham. Par suite de la réaction qui s'est produite à partir de 1880 en faveur des normands, on ne peut plus considérer le pays du Caux comme un centre acquis à ces croisements, bien que dans cette contrée, et surtout dans l'arrondissement du Havre, la population bovine soit constituée par des animaux, qui, pour la plupart, ont du sang durham à un degré plus ou moins considérable. Il est probable que dans un avenir plus ou moins éloigné, l'apport constant de taureaux cotentins encouragé par le département et les associations agricoles, contrairement à ce qu'ils avaient fait précédemment, fera disparaître presque complètement les caractères de croisement, sauf peut-être dans les cantons de Fécamp et de Goderville, qui font naître et engraisser une partie des 11,000 bœufs que la statistique décennale de 1892 affecte à la Seine-Inférieure. Ces bœufs, livrés à la boucherie à l'âge de 3 ans, pèsent de 600 à 650 kilogrammes et donnent un rendement de 55 p. 100 en viande nette.

On retrouve l'influence du sang durham en Vendée et en Charente-Inférieure, dans les contrées où s'étendent les vastes pâturages dits *marais*. Dans le premier de ces départements, elle ne s'étend pas au delà des territoires de Bourgneuf, Beauvoir, Challans et Saint-Jean-de-Mont, situés en face des îles Dieu et de Noirmoutiers. Dans le second, elle s'est étendue à toute la contrée comprise entre la mer et une ligne passant par Luçon et Niort, au Nord, Aigrefeuille, Tonnay-Boutonne, Tonnay-Charente et Saint-Agnant, à l'Est. Mais il faut reconnaître que le croisement durham fait sans méthode, sans esprit de suite, souvent en concurrence avec l'introduction de reproducteurs d'autres races, telles que la normande, n'a réussi qu'à produire des animaux décousus et disparates, n'ayant plus la rusticité des parthenais et des maraîchins, qui s'accommodaient des alternatives d'abondance ou de pénurie que présentent des pâturages sur lesquels le climat, par le fait du voisinage de la mer, exerce fréquemment une action désastreuse et dans lesquels l'abreuvement est souvent insuffisant ou n'est fait qu'avec des eaux saumâtres. Il y a lieu, toutefois, de constater que dans le pays de Rochefort, où les pâturages sont meilleurs et plus réguliers, où la bonne eau est plus abondante, les résultats ont été plus satisfaisants; d'autre part, on y a procédé au croisement avec plus de méthode et on y trouve un assez grand nombre d'étables dans lesquelles les animaux méritent à juste titre le nom de croisement durham.

Dans le Nord-Est de la France, on a aussi cherché dans l'introduction du sang durham l'amélioration d'animaux de races mal définies ou, pour mieux dire, provenant de croisements faits inconsidérément avec des races multiples.

C'est ainsi que, dans l'arrondissement de Verdun (Meuse) où la population bovine est surtout d'origine hollandaise, la Société d'agriculture a fait, depuis 1870 jusqu'à 1891, l'acquisition de 54 durham pur sang et 82 croisés. Il est vrai que, dans la même période, elle importait 20 taureaux de Bouquenom, 5 de Birkenfeld, 129 de Glane, 14 schwytz, 4 fribourgeois, 8 hollandais, 30 vaches comtoises et 56 vaches et génisses hollandaises. Si, à partir de 1883, ses efforts se sont plus particulièrement portés sur l'amélioration par le sang durham, qui paraît s'être particulièrement manifestée dans le canton d'Étain, il n'en est pas moins vrai qu'il ne s'est pas constitué un centre où le croisement durham puisse être considéré comme acquis, d'autant plus que l'importance prise dans la région par l'industrie laitière, particulièrement par la fromagerie, a porté de plus en plus les éleveurs à rechercher les races laitières et obligé les associations agricoles à revenir aux achats de reproducteurs de ces races.

C'est d'ailleurs ce qui est cause que dans l'arrondissement de Vouziers (Ardennes), si les croisements durham sont encore fort en honneur dans bon nombre d'étables, ils ont cependant perdu de la vogue dont ils ont joui il y a une vingtaine d'années. Néanmoins il est à croire que dans ces contrées, où l'extension donnée aux herbages a été considérable depuis une quinzaine d'années, et où beaucoup d'entre ceux qui existent sont susceptibles de faire engraisser les animaux en 4 ou 5 mois, le croisement continuera à avoir sa raison d'être en se localisant.

La statistique porte à près de 8,000 bœufs ceux qui sont engraissés dans les deux départements des Ardennes et de la Meuse, et comme ils n'en produisent pas suffisamment, on en importe un certain nombre des départements de l'Ouest, en outre des bœufs charolais utilisés, puis engraissés dans les sucreries.

On attribue aux jeunes bœufs de croisement durham élevés et engraissés dans ces départements un poids net de 500 à 600 kilogrammes, avec un rendement en viande nette dépassant 50 p. 100.

Les tentatives faites pour introduire les croisements durham dans d'autres régions n'ont pas eu assez d'importance, ni donné des résultats assez marqués pour mériter de tenir une place dans ce chapitre. Partout, d'ailleurs, on y renonce successivement.

DURHAMS FRANÇAIS.

L'introduction et l'élevage de la race durham pure en France a rendu des services incontestables, non que cet élevage y ait pris une très grande extension, mais parce qu'il a servi : 1° à transformer complètement par le croisement le bétail de plusieurs contrées importantes comme étendue et comme production d'animaux de l'espèce bovine; 2° à améliorer certaines races par des infusions de sang faites avec modération et habileté; 3° à servir de modèle aux éleveurs des races françaises, en les stimulant pour l'obtention des perfectionnements réalisables au point de vue des formes et à celui de la précocité.

C'est donc un vrai titre de gloire pour MM. Yvart et de Sainte-Marie d'avoir su comprendre l'intérêt qu'il y avait à introduire en 1837 en France l'élevage des durhams purs, et de l'avoir fait apprécier dans diverses vacheries ayant un caractère officiel : Poussery (Nièvre), 1844 à 1847; Institut agronomique de Versailles, 1849-1852; Grand-Jouan, 1856-1866; Mably (Loire); La Saulsaie (Ain); Trévarez (Finistère); Saint-Ajeau (Cantal), jusqu'en 1860; Ferme école du Camp, 1847-1860; Domaine impérial de Fouilleuse, 1857-1865, remplacé par Pompadour jusqu'en 1871.

Mais le véritable et sérieux élevage des durhams eut lieu dans la vacherie de l'État, du Pin, de 1838 à 1861, et fut continué ensuite à Corbon jusqu'en 1889, époque de la suppression de cet établissement qui, dirigé par des hommes parfaitement compétents, en tête desquels il convient de placer l'inspecteur général Malo, a, par les ventes annuelles de reproducteurs se recommandant tous par l'ancienneté et la pureté de leur origine, ainsi que par la qualité de leur pedigree, introduit dans les étables privées des éléments de réussite tels que M. Grollier a pu écrire que «toutes les étables qui se sont montées et renforcées par des achats faits au Pin et à Corbon ont duré plus longtemps et ont brillé d'un plus vif éclat que celles qui se recrutaient principalement par des acquisitions faites directement en Angleterre».

En même temps que l'État, seul à même dans notre pays de faire les grands sacrifices que comportait l'importation répétée d'Angleterre de reproducteurs de grand mérite, donnait ainsi la possibilité de fonder des étables privées de shorthorns, il prenait en main, dès 1855, la création du Herd-Book français du durham amélioré.

C'est encore à M. de Sainte-Marie qu'est due cette création. Ce Herd-Book, plus sévère que celui des Anglais, puisqu'il n'admet pas, comme ceux-ci, qu'après quatre croisements consécutifs la race croisée est complètement absorbée et est devenue pure, n'a cessé d'être tenu avec une parfaite régularité.

On a même poussé la sévérité jusqu'au point de n'admettre à figurer que sous le titre d'*Addenda*, dans ce livre généalogique, la descendance d'animaux appartenant à des éleveurs renommés qui s'étaient trouvés dans l'impossibilité de satisfaire aux exigences de la commission en ce qui concernait les certificats des vendeurs anglais.

Du reste, la défaveur qui pesait sur les animaux figurant à l'Addenda pour les ventes de reproducteurs à l'étranger a amené les éleveurs de durham à les éliminer progressivement, au point qu'il n'en restera bientôt plus.

Il y eut en France une période de véritable engouement pour le durham, dont on voulut faire la race améliioratrice par excellence, quels que fussent les races à améliorer, leur habitat, leur rôle économique. Mais, avec le temps et l'expérience, la question a fini par être remise au point et le champ d'action du sang durham s'est peu à peu limité à certaines races suivant leurs aptitudes, à certaines contrées suivant les progrès culturaux réalisés et suivant les spéculations qui y donnaient le plus de profit.

Aussi l'élevage du durham pur a-t-il assez notablement diminué depuis 1870. Le tableau suivant détermine cette diminution et les déplacements qui se sont opérés.

DÉPARTEMENTS.	1869.		1897.	
	ÉTABLES IMPORTANTES.	ÉTABLES SECONDAIRES.	ÉTABLES IMPORTANTES.	ÉTABLES SECONDAIRES.
Mayenne	31	69	16	11
Maine-et-Loire	21	34	10	1
Ille-et-Vilaine	14	16	4	7
Sarthe	10	4	10	3
Orne	6	3	//	2
Loire	4	5	1	4
Seine-Inférieure	2	6	3	3
Vienne (Haute-)	4	1	//	//
Yonne	3	2	//	//
Loire-Inférieure	2	3	2	3
Vendée	4	//	1	3
Nièvre	2	2	1	1
Allier	1	3	//	2
Cher	3	//	5	//
Côtes-du-Nord	1	2	4	7
Charente-Inférieure	2	2	2	//
Finistère	2	1	32	34
Meurthe	2	1	//	//
Loiret	2	1	//	//
Marne	1	2	2	//
Eure	1	1	//	//
Meuse	1	1	1	//
Moselle	//	2	//	//
Loir-et-Cher	2	//	1	//
Ardennes	1	1	//	//
Côte-d'Or	1	1	//	//
Saône (Haute-)	//	2	//	1
Calvados	//	2	1	2
Aube	1	1	//	//
Isère	1	2	//	//
Rhône	1	//	//	//
Morbihan	//	1	1	1
Vosges	1	//	//	//
Puy-de-Dôme	//	1	//	//
À reporter	127	172	96	85

DÉPARTEMENTS.	1869.		1897.	
	ÉTABLES IMPORTANTES.	ÉTABLES SECONDAIRES.	ÉTABLES IMPORTANTES.	ÉTABLES SECONDAIRES.
Report......................	127	172	96	85
Nord.........................	1	//	//	//
Seine-et-Oise................	1	//	//	//
Dordogne.....................	//	1	//	//
Drôme........................	//	1	//	//
Indre........................	//	1	//	1
Manche.......................	1	//	//	//
Oise.........................	//	//	1	1
Charente.....................	//	//	1	//
Saône-et-Loire...............	//	//	2	//
Sèvres (Deux-)...............	//	//	1	//
Ain..........................	//	//	1	//
Jura.........................	//	//	1	1
Pas-de-Calais................	//	//	1	1
Somme........................	//	//	3	1
Aisne........................	//	//	2	1
Total...................	130	175	109	91

En 1869, les 305 étables où il y avait des durhams purs, dont 130 seulement avaient une certaine importance, étaient réparties dans 40 départements. 25 de ces départements en possédaient au plus 3. Le nombre total des animaux s'élevait à 3,600 environ.

En 1897, 32 départements, dont 19 n'ayant pas plus de 3 étables, en comptent 198, formant un effectif de 2,900 à 3,000 animaux.

18 départements, figurant en 1869, ne figurent plus en 1897; mais 9 autres nouveaux comptent un petit nombre d'étables.

Les départements de Maine-et-Loire, Mayenne, Ille-et-Vilaine, Sarthe et Orne qui, à eux cinq, possédaient 200 étables sur 300 en 1869, n'en ont plus que 64 sur 200, en 1897.

Au contraire l'élevage du durham pur s'est développé dans le Nord-Finistère, au point qu'on y compte 66 étables, la plupart, il est vrai, ne contenant qu'un petit nombre d'animaux, mais dont le total approche de 500.

Ces modifications ont leur explication toute naturelle :

1° On a reconnu que le durham n'avait pas d'utilité pour l'amélioration de la plupart des races qui ont à remplir un rôle de travail avant de finir à l'abattoir, quand elles vivent sous des climats et dans des conditions d'existence absolument différentes de celles du pays d'origine des shorthorns;

2° Là où l'infusion sage et modérée de sang pouvait constituer un réel progrès, on a su s'arrêter aux limites voulues pour ne pas trop modifier les caractères distinctifs de la race améliorée, non plus que ses aptitudes;

3° Dans les contrées où le croisement bien conduit a pris une grande extension, on est progressivement arrivé à produire des animaux se rapprochant du type durham au point que de nouvelles infusions de sang pur n'ont plus été considérées comme une nécessité;

4° A tort ou à raison, les éleveurs des races laitières, généralisant la réputation faite aux durhams de n'être pas laitiers, bien qu'il existe dans cette race des tribus très laitières, se sont promptement arrêtés dans la voie des croisements.

De tout ce qui précède, il est résulté que les éleveurs de durhams purs, qui, quoiqu'en disent leurs plus chauds partisans, réclament des soins plus grands et une nourriture plus succulente que la plupart des animaux de nos races françaises, ont cessé de trouver en France des débouchés suffisants et assez avantageux pour leurs produits. Aussi voit-on successivement disparaître nombre d'étables importantes parmi lesquelles on peut citer : dans la Mayenne, celles des Gernigon, Lefèvre-Sainte-Marie, Letessier de Coulanges, Mahier, Portier, Ancel, Beauvais, Boisgontier, Briquet, Ernaut de Moulins, d'Etchegoyen, de Bodard, de la Poterie, de la Tullaye, de la Valette;

Dans le Maine-et-Loire, celles des Abafour, d'Andigné, Boutton-l'Évêque, Cartier, Cesbron-Lavau, de Daune, de la Devansaye, Dutot, de Fitz-James, François, Goullier, Jarret de la Mairie, de Jousselin, baron Le Guay, de Lozé, de Madieu, de Manneville, de Massoi, de la Monneraie, de Rochebouet;

Dans la Sarthe, celles des Courtillier, de Juigné, de Laage, de Nicolay, de Rougé, de Talhouet, de Villepin;

Dans l'Ille-et-Vilaine, celles des du Breil de Pontbriant, de Châteauvieux, de Langle, Lemée, de Nétumières, de Pontavice, Tanvry;

Dans l'Orne, celles des de Mésenge de Coulanges, de Saint-Pierre, Danger, Flau;

Puis dans d'autres départements moins durhamistes, celles des Balcy et Vernoy (Loire), Hamot (Seine-et-Oise), Dubreuil, de Fombelle, Michel (Haute-Vienne), d'Ailly (Loiret), André (Meurthe), Benoist d'Azy, Tiersonnier (Nièvre), de Verdun (Manche), de Benoist (Meuse), de Boisgelin, Lacour, Pruneau (Yonne), Boisteau, Deloges (Loire-Inférieure), Bresson (Vosges), de Foucaud (Côtes-du-Nord), de Guitaut, de Massoi (Côte-d'Or), de Montlaur (Allier), Salvat (Loir-et-Cher), de Suyrot (Vendée), Tachard (Cher).

Il est vrai de dire qu'en même temps, outre les éleveurs renommés qui ont persisté, tels que les Auclerc, à la *Celle-Bruère*, et Larzat, à *Germigny-l'Exempt* (Cher); de Blois, à *Segré*, et Grollier, à *Durtal* (Maine-et-Loire); Guesdon et de Quatrebarbes, à *Craon*, Rézé (Léon), à *Grez-en-Bouère*, Galereau, à *Saint-Brice*, Daudier, à *Niafles*, du Buat, à *Méral*, et Guichard, à *Saint-Berthevin* et à *Saint-Pierre-Lacour* (Mayenne); de Champagny, à *Morlaix* (Finistère); Gastinel, à *Gennes-sur-Sèches* et Desprez, à *la Guerche* (Ille-et-Vilaine); Fagot, à *Mazerny* (Ardennes); de Montmort, à *Montmort* (Marne); de Poncins, à *Feurs* (Loire), il se créait d'autres étables importantes, parmi lesquelles il convient de citer celles des Bellanger, à *la Feuillée*, de Broglie, à *la Selle-Craonnaise*, Gandon, à *Grèz-en-Bouère*, Julliot, à *Saint-Aignan-sur-Noë*, Le Theule, à *Ballée*, et Rousseau, à *Laubrières* (Mayenne); Boisard, à *Auvers-le-Hamon*, Boitelle, à *Savigné-l'Évêque*, Cosnard, à la *Chapelle-d'Aligné*, Fleuron, à *Sablé*, Rézé (Henri) et Rézé (Auguste), à *Auvers-le-Hamon*, et Souchard, à *Véron* (Sarthe); Le Manceau, à *Segré*, Mac-Allister, à *Bouzillé*, Morain-Cusson, à *Cheffes*, Souchard-Breteau et Souchard (Émile), à *Durtal* (Maine-et-Loire); de Clercq, à *Oignies* (Pas-de-Calais); Cochard, à *Thonne-le-Long* (Meuse); Debailly, à *Moreuil*, et Levoir, à *Ailly-le-Haut-Clocher* (Somme); Gouin, à

Haute-Gourlaine (Loire-Inférieure); Huot, à *Saint-Léger* (Aube); Massé, à *Germigny-l'Exempt*, et Lebourgeois, à *Genouilly* (Cher); Meheu, à *Armoye*, Lesguern, à *Pencrau*, et Legal, au *Fœil* (Côtes-du-Nord); Papot, à *la Coudre* (Deux-Sèvres); Petiot, à *Touches* (Saône-et-Loire); Richard, à *Rochefort* (Charente-Inférieure); de Saint-Paul, à *Magnac* (Charente); Signoret, à *Sermoise* (Nièvre); de Lavaublanche, à *Béhéricourt* (Oise); de Surineau, à *Vincent-sur-Craon* (Vendée); Burel, à *Fongueusemare*, et Labitte, à *Digeon* (Seine-Inférieure); Cam, Lebras et Quémenec, à *Saint-Thégonnec*, du Laurent de la Barre, à *Saint-Martin-des-Champs*, Lebras (François) et veuve Lebras, à *Guislau*, de Lesgeru, à *Pencrau*, Soubigou (Jean-Marie) et Soubigou (Jean-Pierre), à *Ploudaniel* (Finistère).

Malgré cette sensible diminution de la production des shorthorns purs, les débouchés qu'ils trouvaient en France étant très notablement réduits, il devenait indispensable de chercher à en créer d'autres dans les pays étrangers, et pour cela d'y faire connaître et apprécier les durhams français et de prouver que, grâce à un grand esprit de suite et aussi à ce que, dans les importations de reproducteurs mâles et femelles faites dans notre pays, on n'a pas été exclusif, comme le sont les Anglais, au point de vue des familles, ils étaient arrivés à pouvoir lutter avantageusement avec ceux élevés en Angleterre.

«M. Mills, le grand éleveur de Ruddington, dit M. Grollier, a surtout admiré la bonne et vigoureuse constitution de nos premiers shorthorns français, et cette qualité vient peut-être précisément de ce que nos importations, provoquées par le désir de renouveler le sang de nos étables, n'ont pas été le résultat d'achats faits constamment dans une même famille ou même dans l'ensemble encore trop restreint, soit de toutes les tribus *Bates*, soit de toutes les tribus *Booth*.

«Peut-être notre éclectisme a-t-il été plus profitable que l'obstination de certains éleveurs anglais à ne pas sortir du giron de certaines tribus. Si ces éleveurs ont rencontré, sur la route trop étroite dont ils ne veulent pas s'écarter, l'appauvrissement de certains individus, leur délicatesse et une sorte de décadence générale, ils doivent sans doute s'en prendre à leur méthode trop exclusive, c'est-à-dire à l'accouplement répété de parents trop rapprochés. »

D'autre part, nos éleveurs avaient réussi à réaliser d'importantes améliorations dans leur élevage; la suppression presque complète de ces boules de graisse (*patchy*) envahissant chaque côté de la queue, la production d'une viande bien entrelardée et le développement des muscles de la cuisse. Ils avaient aussi, après une période où on avait eu trop de tendance à produire des petits paquets, à rendre de la taille et de l'ampleur à leurs animaux.

En 1885, fut fondée la Société des éleveurs de durham, en vue de la création de débouchés à l'étranger. C'est en cette même année que furent faits les achats par des délégués du Chili, au concours régional de Rouen, et l'année suivante MM. Debaisieux et Fages, dont on ne saurait trop apprécier l'utile intervention, ouvrirent aux durhamistes français l'important marché de Buenos-Ayres. Comme les animaux à robes rouges y étaient plus appréciés que ceux ayant des robes blanches ou rouan clair, nos habiles éleveurs surent rapidement donner satisfaction à cette mode, parce qu'ils possédaient pour cela les éléments nécessaires.

L'exposition de Palermo, dans la République Argentine, en 1890, prouva nettement que les durhams français valaient les durhams anglais et, depuis lors, les envois de reproducteurs à l'étranger se sont poursuivis avec des alternatives d'augmentation et de diminution auxquelles les variations de la situation politique, économique et financière de l'Amérique du Sud n'ont pas été étrangères.

Voici le relevé de ces exportations, donné par année, de 1887 à 1899 : 40, 73, 66, 21, 17, 32, 19, 7, 1, 45, 57, 86, 148. Dans le premier trimestre de 1900, elles ont été de 58.

RACE BRETONNE.

La petite race laitière *bretonne* ou de *Cornouailles* a été fort bien décrite par M. Halna du Frétay : «Petite de taille (1 mètre à 1 m. 10 en moyenne), sa tête fine et légère s'anime de l'éclat d'un œil inquiet, presque farouche. La corne haute et menaçante, assez longue, mince et pointue, est généralement blanche à la base et très noire à l'extrémité. Cette tête, courte, sèche, si délicate et si bien détachée, se relie avec distinction par une encolure sans fanon, d'une grande pureté de lignes, à un corps souple, dont la côte est arrondie et la poitrine bien conformée. La peau est fine et détachée, le poil court et soyeux.

«Le garrot et le dos forment une ligne horizontale; les hanches sont larges, mais la croupe avalée et rétrécie supporte une attache de queue saillante, très vulgaire, bien que l'extrémité opposée de l'appendice caudal, terminée par une touffe de longs poils, soit mince et déliée.

«La cuisse est plate et maigre; le flanc est énorme. Il occupe le tiers de la distance comprise entre l'épaule et la pointe de la hanche.

«Des articulations sèches, des tendons bien détachés, la longueur des avant-bras, la brièveté de la partie inférieure des membres, la dureté du sabot, des aplombs parfaits dans le devant font de la race bretonne la race par excellence apte à la vie errante.»

L'indication de la robe pie-noire comme exclusive n'était pas absolument exacte. Certains sujets possédant tous les caractères de la race avec la robe pie-rouge sont bien bretons. Mais lorsque, en vue de protéger cette précieuse race contre les croisements inconsidérés qui en menaçaient l'existence, en vue aussi de la perfectionner et d'uniformiser le type, un livre généalogique fut créé, en 1885, on convint d'exclure la robe pie-rouge et d'établir que, dans la robe pie-noire, les taches devaient être nettement délimitées, sans cerne formé par le mélange de poils blancs et de poils noirs. Il est également admis que les surfaces occupées sur le corps des animaux par les taches blanches et par les noires doivent être sensiblement égales. Si ce livre généalogique n'a vécu que pendant quelques années, il a du moins eu pour très bon résultat de fixer les éleveurs sur le type qu'il convenait de produire et on peut se convaincre, dans les concours de reproducteurs généraux, régionaux et spéciaux, où ils figurent toujours en très grand nombre, assurés qu'ils sont d'y trouver acheteurs à des conditions très avantageuses, qu'on est arrivé à une très grande uniformité. La persistance avec laquelle des jurys très compétents n'ont cessé d'appliquer une règle uniforme dans les jugements, aussi bien dans ces concours que dans les concours locaux, a considérablement contribué à ce résultat. Les éleveurs savent, d'ailleurs, que les acheteurs, qui expédient chaque année 30,000 à 40,000 vaches bretonnes sur tous les points de la France, mais plus particulièrement dans le Sud, n'accepteraient pas celles qui ne représentent pas les caractères indiqués.

M. de Lapparent.   4

D'autre part, les progrès ont été très marqués en ce qui concerne la forme de la croupe et l'attache de queue et aussi au point de vue de la forme du pis et des caractères laitiers. La sélection des reproducteurs a été remarquablement poursuivie par les éleveurs si intelligents et si observateurs de la race de Cornouailles.

Dans le rapport inscrit en tête du deuxième bulletin du Herd-Book breton (1887), la commission estimait à 450,000 le nombre de reproducteurs mâles et femelles de la race pie-noire de Cornouailles. Si on y ajoute environ 35,000 bœufs de travail, 15,000 à 16,000 bœufs d'engrais et 45,000 à 50,000 élèves de 6 mois à 1 an, on arrive à un total de 550,000 têtes.

A ce nombre il y aurait lieu d'ajouter 280,000 à 300,000 vaches réparties dans les autres parties de la Bretagne et dans la France entière, si on affecte seulement une vie moyenne de six ans aux 30,000 à 40,000 qui sont expédiées annuellement, à partir du moment où elles quittent la Bretagne.

Le rapport de M. du Frétay, publié en 1870 par le Ministère de l'agriculture et du commerce, affectait à cette race ce qu'il appelait la zone du Sud-Finistère, et qu'il limitait par une ligne partant de la pointe de Crozon pour passer par Châteaulin, suivre le canal de Nantes à Brest, jusqu'au coude que fait le Blavet, pour joindre Pontivy, atteindre de là Loudéac et le nord de Ploërmel et rejoindre le cours de la Vilaine à Redon.

Ces limites se sont peu modifiées. Toutefois, les croisements durham se sont quelque peu étendus au-dessous du canal, dans la région de Carhaix et, d'autre part, il s'est produit une certaine invasion de la race parthenaise, surtout comme animaux de travail, sur la rive gauche de la Vilaine, par suite de l'introduction de nombreux fermiers venant de la Loire-Inférieure et de la Vendée.

La vache de Cornouailles est presque sans interruption au pâturage et souvent dans la lande; elle est élevée sur des terrains peu fertiles et est très rustique; c'est pour cela qu'on l'exporte dans tous les pays où le peu d'abondance et la médiocrité des fourrages ne permettent pas l'entretien des grandes races laitières, par exemple dans les landes de Gascogne.

Elle a, de plus, l'avantage de très bien se plier aux différents climats, acceptant ceux à température élevée sans en souffrir.

On a beaucoup discuté sur le rendement en lait de cette petite race. Pour certains observateurs, dit M. Chevalier, ancien professeur départemental du Finistère, dans sa monographie de ce département, la vache pie-noire ne donnerait que 2 litres à 2 litres et demi en moyenne; pour d'autres, elle en fournit 6. Cette grande différence de production tient à une non moins grande différence d'entretien et le rendement de près de 5 litres doit être considéré comme pouvant être obtenu dans toutes les bonnes fermes qui nourrissent convenablement les animaux.

Ce n'est certainement pas la moyenne et M. Gayot paraissait plus dans le vrai en la fixant à 3 litres et demi. Les bretonnes donnant plus de 1,200 litres pendant une durée de lactation de 10 mois sont une exception. Cette production n'est-elle pas d'ailleurs énorme étant donné le poids des vaches variant entre 120 et 200 kilogrammes?

Il est à remarquer que la grande facilité avec laquelle la bretonne prend la graisse, quand elle est transportée dans un milieu à fourrages abondants et riches, ne lui en fait profiter que peu sous le rapport de la production laitière. Il en résulte que le choix des reproducteurs mâles n'a de réel intérêt que dans le grand centre d'élevage de la race de Cornouailles.

Le lait est très riche en crème; il faut en moyenne 20 litres pour faire 1 kilogramme de beurre; on le fait souvent à moins. Il est, par suite, naturel que la fabrication du beurre ait pris un grand développement dans cette contrée. Le beurre de Cornouailles est généralement fabriqué avec soin et estimé; sa vente ne reste pas limitée aux villes de la région et au marché de Paris, on l'expédie en Angleterre, surtout dans l'Ouest. Les négociants de la région de Quimper seuls en exportent pour près de 3 millions de francs. Plus de cent beurreries mécaniques se sont installées durant ces dernières années.

La race pie-noire est d'un élevage facile; souvent les veaux sont sevrés à 3 ou 4 semaines et vont ensuite chercher leur nourriture au pâturage sans recevoir de ration particulière. Il y a lieu toutefois de noter que l'élevage ne donne généralement pas de bons résultats en dehors de la région de Bretagne et c'est pour cela qu'il ne s'est pas créé de centres d'élevage de cette race, même dans les contrées où elle a de très nombreux sujets importés. Les agriculteurs ont constaté que le renouvellement par importations du pays d'origine leur donnait toujours de bien meilleurs résultats.

Si les taureaux de la race pie-noire restent petits, dépassant peu la taille des vaches, les bœufs grandissent beaucoup plus et arrivent à mesurer en moyenne 1 m. 30 au garrot quand ils ont acquis leur complet développement, c'est-à-dire vers 5 ans. Castrés vers la fin de la deuxième année au moyen de casseaux, on les soumet au joug peu après. Le plus souvent les attelages se composent de deux paires de bœufs avec un cheval en tête, ce qui contribue à activer leur allure. Les bœufs de Cornouailles changent souvent de main et de localités avant d'être engraissés. Ils prennent bien la graisse une fois qu'ils ont achevé leur croissance et fournissent une viande d'excellente qualité. Leur poids moyen dépasse 350 kilogrammes avec des différences considérables en plus ou en moins suivant les endroits où ils ont vécu. Les vaches grasses pèsent de 180 à 200 kilogrammes. Ce poids est notablement dépassé lorsqu'elles ont été transplantées jeunes dans des contrées à alimentation plus riche.

RENDEMENT DE BŒUFS BRETONS PRIMÉS DANS DES CONCOURS GÉNÉRAUX D'ANIMAUX GRAS.

Âge	5 ans.	5 ans.
Taille	$1^m 31$	$1^m 35$
Poids vif	560^k	650^k
Poids de quatre quartiers	347^k	427^k
Proportion p. 100 au poids vif	61.960 p. 100	65.390 p. 100
Poids du suif	75^k	73^k
Proportion p. 100 au poids vif	13.393 p. 100	11.230 p. 100
Cuir	35^k	37^k
Proportion p. 100 au poids vif	6.250 p. 100	5.690 p. 100
Pieds	6^k	$5^k 5$
Canards	3^k	$3^k 5$
Poumons et cœur	6^k	8^k
Foie et rate	8^k	10^k
Langue	3^k	$3^k 5$
Sang	18^k	$21^k 5$
Intestins et déchets	59^k	59^k

La zone du Nord-Finistère, comprenant toute la partie de ce département qui est située au nord des monts d'Arrée, était jadis occupée par des animaux de plus grand développement que dans la Cornouailles et atteignant la taille de 1 m. 3o. Connus sous le nom de race *froment du Léon*, ils auraient mieux été désignés sous le nom de *grande race bretonne du Léon*, car à côté d'animaux à pelage couleur des blés mûrs, avec taches blanches à la tête, aux flancs et aux pieds, il y en avait de pie-rouge et de pie-noir, surtout dans le canton de Saint-Renan.

« Les caractères manceaux et normands, écrivait M. Halna du Frétay, en traitant de cette zone, qu'il étendait jusqu'à Dinard et Dinan, en passant par Guingamp, Lanvollon, Chatelaudren, Quintin et Moncontour, sont souvent accusés dans les animaux. Les apparitions du sang d'ayr y sont plus fréquentes que celles du sang durham; le caractère dominant est, spécialement sur le littoral, celui des vaches de l'île de Jersey. »

Depuis cette époque, les éleveurs se sont portés vers le sang durham, surtout dans le Nord-Finistère et dans la région de Quintin; aussi l'étude de la population bovine qu'on y trouve devait-elle être reportée à l'article « Croisements durham ».

Mais comme il existe encore un certain nombre de sujets de la grande race bretonne disséminés plus particulièrement sur le littoral et surtout dans les cantons de Saint-Renan, Lannilis et Ploudalmezeau; comme, d'autre part, il se produit depuis quelques années un mouvement assez marqué en faveur des animaux laitiers, qui fait que d'assez nombreux éleveurs voudraient régénérer leur ancienne race, surtout avec la vache froment, il y a lieu de la décrire ici.

La tête est plutôt petite, avec cornes à section ronde, obliques de bas en haut et de dedans en dehors, implantées sur les côtés d'un chignon élevé et ayant une couleur jaunâtre avec les extrémités quelquefois brunes. Le squelette est fin, l'encolure grêle, la ligne de dos légèrement ensellée; les hanches sont assez écartées; l'avant-train présente, comparativement au train postérieur, un développement sensiblement moindre; les fesses sont avalées et peu musclées. Assez hauts sur jambes, les animaux ont tendance à avoir les membres postérieurs déviés. La partie arrière du pis est généralement moins développée que la partie avant.

M. Halna du Frétay, décrivant les meilleurs types, écrivait : « Le garrot, le dos et la croupe sont placés sur une ligne horizontale parallèle à celle formée par la poitrine, le dessous du ventre et la hampe. Ces deux lignes, largement espacées, sont d'une grande rectitude et d'une grande beauté. Les hanches sont larges, la poitrine, quoique déprimée en arrière des épaules, est plus profonde que dans la race de Cornouailles; la queue, plus fine et mieux attachée, porte à son extrémité les indices de l'aptitude beurrière ».

Les vaches de la grande race bretonne sont bonnes laitières. Il y en a qui donnent plus de 2,000 litres de lait entre deux vêlages, pendant une durée de lactation de 32o jours. On en cite qui dépassent 2,5oo litres. Il ne faut, en moyenne, que 2o litres de lait pour faire 1 kilogramme de beurre.

Dans ces conditions, on comprend que les agriculteurs qui reviennent aux spéculations laitières se préoccupent de restaurer la race dite du Léon, d'autant plus qu'elle est très rustique. Les vaches ne restent en stabulation que les quatre ou cinq jours qui suivent le vêlage, ou encore par les journées de forte pluie ou de neige. Autrement elles vivent constamment dehors, ne rentrant à l'étable que pour y passer la nuit.

Les veaux, vendus de quatre à six semaines, pèsent de 35 à 5o kilogrammes. On n'élève pas de bouvillons, les travaux des champs étant tous exécutés au moyen des chevaux.

Les associations agricoles ne font rien pour encourager la sélection de la race dite du Léon. Seule, la Société d'agriculture de l'arrondissement de Brest lui réserve une catégorie spéciale dans ses concours. Elles vont forcément être amenées à marcher dans cette voie.

On ne peut considérer la population bovine de toute la partie du nord de la Bretagne située entre le Finistère et Dinan que comme un amalgame désordonné de races diverses (mancelle, normande, ayr, durham, jersiaise) entées sur la souche bretonne. Il est à croire que les sangs jersiais et surtout normand vont de plus en plus être considérés comme améliorateurs de cette population bigarrée.

Dans le centre de la Bretagne, compris entre cette zone et la contrée d'élevage de la race de Cornouailles, le bétail breton, également très mélangé et sans homogénéité, paraît avoir été modifié surtout par le sang vendéen. C'est à lui qu'on attribue la formation du groupe d'animaux connu sous le nom un peu prétentieux de *race de Carhaix*, car c'est dans la contrée ayant Carhaix pour centre qu'ils présentaient autrefois le plus d'uniformité.

Comme le croisement durham a fait presque entièrement disparaître ce groupe, c'est à l'article « Croisements durham » qu'il convenait aussi d'en parler.

Il est à croire que toute la partie de ce Centre-Bretagne comprise entre le pays déjà transformé de Carhaix et le grand centre d'élevage des croisements durham, qui ne cesse de progresser vers le nord-ouest, sur la rive gauche de la Vilaine, s'adonnera à ces croisements à mesure que sa production fourragère s'améliorera.

RACE PARTHENAISE.

C'est dans le centre d'élevage où les caractères et le perfectionnement de la race parthenaise sont à leur maximum qu'il convient de l'étudier.

Ce centre d'élevage occupe les cantons de Parthenay, de Mazières-en-Gâtine, de Secondigny, de Menigoute et une partie de ceux de Moncoutant, Saint-Loup et Thénezay. C'est de cette région que partent chaque année nombre de jeunes taureaux de choix pour les autres parties du département des Deux-Sèvres et pour ceux de la Vendée, de la Vienne et de la Loire-Inférieure.

Aux concours spéciaux de la race parthenaise qui ont eu lieu successivement chaque année, depuis 1893, dans ces divers départements, ce sont les animaux originaires des environs de Parthenay qui ont toujours obtenu les premiers prix, soit qu'ils fussent présentés par les éleveurs du pays, soit qu'ils eussent été achetés par des agriculteurs des autres contrées.

Les bulletins du Herd-Book créé en 1896 pour cette race en contiennent la description suivante, faite par les membres de la commission :

« 1° Les signes caractéristiques de la race pure parthenaise sont les suivants :

« Front carré, plutôt large qu'allongé, plat, plutôt creux que bombé, par suite de la proéminence des arcades orbitaires;

« 2° Les animaux purs de cette race ne doivent présenter que trois couleurs, suivant des proportions différentes, mais ayant des nuances qui varient : le noir, le rouge et le gris perle.

« La couleur noire doit régner à l'extrémité des cornes, à l'anus, à la marge de l'anus, sur les lèvres de la vulve, à la houppe de la queue, au mufle, aux cils, sur le bord des paupières et à la couronne au-dessus des ongles.

« Chez les mâles, elle doit tracer une ligne en général peu apparente, sur le raphé, de l'anus aux bourses, et occuper l'extrémité de ces dernières.

« La couleur noirâtre doit exister sur le bord de la lèvre inférieure et les muqueuses de la bouche; cette coloration peut se présenter sous la forme de marbrure sur la langue ou le palais.

« La couleur gris perle doit former un cerne autour du mufle, un autre autour des paupières, ce dernier signe moins accentué sur les mâles.

« Ces cernes, de 2 ou 3 centimètres de largeur, tranchant entre la couleur noire et le fond de la robe, donnent à l'animal une physionomie propre, très saisissable.

« Mais le gris perle doit encore occuper le dessous du ventre, la face interne des rayons supérieurs des membres, et s'étendre postérieurement, en remontant le bord des fesses, jusqu'à l'anus ou à la vulve. La base des oreilles, du côté de l'ouverture de leur conque, l'intérieur de celle-ci, présentent une coloration claire intermédiaire entre le gris perle et le fond même de la robe.

« Le blanc franc, brillant, formant une tache si petite qu'elle soit, est considéré comme un signe d'impureté.

« Les cornes présentent à leur base une coloration d'un blanc dégradé se prolongeant jusqu'aux deux tiers de leur longueur et arrivant au blanc pur au point où elle touche la partie noire.

« Toutes les surfaces du corps qui ne sont pas occupées par le noir ou le gris perle, de la manière qu'il est expliqué ci-dessus, présentent une couleur froment plus ou moins foncée. »

A la suite de cette description, on lit ce qui suit :

« Les signes caractéristiques de la race pure parthenaise, tels qu'ils sont décrits par la Commission du Herd-Book des Deux-Sèvres, doivent être également appliqués aux sujets de la variété nantaise, puisqu'il s'agit d'une race unique.

« Cependant, il faut considérer comme appartenant à la nantaise et devant être inscrits au livre de cette variété les sujets chez lesquels la couleur noire n'est qu'à l'état rudimentaire ou complètement absente à l'anus, à la marge de l'anus, sur les lèvres de la vulve ou sur le raphé et à l'extrémité des bourses.

« En général, ces différences de développement de la couleur noire coïncident avec un fond plus clair de la robe, allant du froment au gris perle, et elles ne se rencontrent que tout à fait exceptionnellement avec le fond rouge vif, couleur presque constante de la variété parthenaise.

« Chez les nantais, la coloration noire se remarque plus fréquemment dans d'autres régions, telles que la face antérieure des canons et d'autres parties des membres.

« Comme pour la variété parthenaise, la plus petite tache de blanc franc doit faire écarter comme impur tout sujet qui la possède.

« En résumé, en dehors des caractères généraux décrits pour la variété parthenaise, la variété nantaise doit présenter : une robe froment plus ou moins gris perle, exceptionnellement rouge; absence ou apparence à l'état rudimentaire de la coloration noire dans les parties de la peau dépourvues de poils; développement de cette coloration dans d'autres parties du corps. »

Dans une étude très consciencieuse de la race parthenaise, M. Rozeray, professeur départemental des Deux-Sèvres, ajoute quelques détails pour compléter cette description :

« Les cornes prennent, à leur naissance, une direction presque horizontale en s'inclinant légèrement en avant et se relèvent aux extrémités pour donner, le plus généralement, au cornage, l'aspect d'une lyre. Les chevilles osseuses sont souvent un peu grosses, alors que les cornes devraient être plus fines et plus lisses; leur couleur à la base est d'un blanc dégradé pendant 4 ou 5 centimètres, pour devenir ensuite d'un blanc vif jusqu'aux deux tiers de leur longueur; elles se terminent à l'extrémité par une partie noire.

« Le front est carré et plat; les sus-naseaux sont assez larges, mais plus étroits dans le voisinage du mufle, ce qui fait paraître le chanfrein, vu de face, un peu moins large à sa partie inférieure que vers le front.

« La ligne partant du sommet du crâne au mufle est droite quand on regarde l'animal de profil. Les taureaux qui arrivent à 2 ans ont souvent le chignon développé (partie charnue qui recouvre les premières vertèbres cervicales) : dans la Gâtine, on dit vulgairement que le taureau a de l'*orgueil*. Le fanon est assez prononcé chez un assez grand nombre de taureaux, alors qu'il est peu apparent chez les femelles.

« La taille moyenne des vaches et des taureaux parvenus à croissance complète est de 1 m. 30 à 1 m. 35. Les bœufs de 5 à 6 ans ont de 1 m. 55 à 1 m. 60.

« Les animaux de la variété nantaise sont généralement plus près de terre que les parthenais. »

Dans un travail sur les parthenais, choletais et nantais, M. Abadie, vétérinaire départemental de la Loire-Inférieure, établissait que certains caractères se modifiaient suivant le milieu, spécialement le pelage : la robe à fond rouge est plus commune vers Cholet et dans la Loire-Inférieure, alors que le rouge-froment ou plus simplement le froment existent vers Parthenay. La robe gris perle se remarque vers le Marais; la robe noire ou plutôt brune domine dans les quartiers pauvres de la Loire-Inférieure, où le pays est encore couvert de landes. Cette nuance noirâtre, qui tend à disparaître avec l'âge de l'animal, se présente, quand elle persiste, au bas des membres et sur le plat des cuisses, dans l'espace qui s'étend de la pointe de la hanche, un peu au-dessus de la rotule.

Constatant certains défauts de la race parthenaise, qu'on s'efforce de faire disparaître depuis quelques années par la sélection, M. Rozeray écrit : « Elle est tardive, à cause de sa rusticité; chez certains sujets, la conformation est un peu anguleuse; les premières côtes sont quelquefois courtes et donnent la poitrine étroite; les cuisses, assez bien descendues, ne sont pas toujours suffisamment musclées; en un mot, la culotte devrait être plus développée; l'attache de la queue est souvent un peu haute; les taureaux ont trop de fanon ».

L'aire géographique de cette race a beaucoup diminué pendant la deuxième moitié du xixe siècle. Si elle s'est un peu étendue au nord de la Loire dans la région voisine de l'Océan, et a même quelque peu dépassé la Vilaine, elle a été refoulée de l'est à l'ouest par les croisements durham dans ce même département et dans celui de Maine-et-Loire; ces croisements ont même pris en partie possession de quelques cantons nord du département des Deux-Sèvres.

Au nord-est, dans le Cher et l'Indre, où la race parthenaise était représentée par de nombreux sujets il y a trente ans à peine, on n'en trouve pour ainsi dire plus, remplacés qu'ils ont été soit par les normands ou leurs dérivés, soit par les charolais et même les limousins. Dans l'Indre-et-Loire, elle a été aussi refoulée par les mêmes normands et dans la Vienne par les limousins et les salers. Les bœufs de ces deux races ont aussi gagné beaucoup de terrain dans la Charente, la Charente-Inférieure et même dans la partie des Deux-Sèvres située au sud de Niort. Enfin le développement très rapide des industries beurrières dans ces trois départements, soit par entreprises particulières, soit surtout par associations coopératives, a poussé les cultivateurs à importer des vaches laitières de toutes provenances.

Pour se rendre compte des limites actuelles de l'aire géographique de la race parthenaise, il y a lieu de se reporter d'abord à celles indiquées pour la race bretonne et les croisements durham. Elles conduisent jusqu'au sud de Bressuire. De là elles remontent au nord vers Montreuil-Bellay, pour se diriger à l'est sur Chinon, suivre les bords de la Creuse jusqu'à la Haye, puis ceux de la Glaise. Alors, englobant la Brenne, elles passent de l'est à l'ouest, par Saint-Gauthier, le Blanc (Indre), Saint-Savin, Lussac-les-Châteaux, Gençay, Vivonne, Couhé-Vérac (Vienne), le sud de Niort, Frontenay, Velluire et Luçon (Vendée).

Il convient de dire que si les croisements durham sont déjà nombreux dans l'arrondissement de Bressuire, on y trouve encore beaucoup d'étables peuplées de parthenais; que celles-ci dominent encore dans le nord du département des Deux-Sèvres. En somme la région d'élevage du parthenais est constituée par la partie de la Loire-Inférieure située à l'ouest d'Ancenis et de Clisson, par la Vendée (déduction faite des prés-marais de Beauvoir, Challans et Saint-Jean, et de ceux situés entre Luçon et Marans, qui sont occupés par un mélange confus de maraîchins, de durhams et de normands); par la partie centrale des Deux-Sèvres, entre Bressuire et Niort; enfin, par les cantons de Lusignan et de Vouillé, dans la Vienne.

Par ailleurs, le renouvellement ne se fait que par importations, soit de génisses de 1 à 2 ans, comme dans l'Indre-et-Loire et le nord de la Vienne, soit de ces génisses et surtout de bouvillons très jeunes destinés à faire des bœufs de travail, comme dans le reste de la Vienne et une partie des départements de la Charente et de la Charente-Inférieure.

La diminution considérable de l'aire géographique du parthenais paraît destinée à s'accentuer encore. En effet, si la parthenaise est une laitière passable, pouvant donner en moyenne 1,400 à 1,500 litres de lait pour une durée de lactation de 9 mois, et susceptible d'être améliorée, à ce point de vue, dans une certaine mesure, par la sélection; si, surtout, elle est très bonne beurrière, puisqu'il suffit moyennement de 22 litres de lait pour faire 1 kilogramme de beurre; il n'en est pas moins vrai qu'elle avait, avant tout, sa raison d'être pour la production de ses remarquables bœufs de travail, énergiques, rustiques, résistants aux intempéries et aux alternatives d'abondance et de privations, ayant enfin une allure rapide. Mais ces bœufs sont longs à se développer, puis, après le travail, longs à engraisser; D'autre part, en raison de leur puissante ossature et de leur conformation, ils donnent un rendement en viande nette, de très bonne qualité il est vrai, relativement faible, et une proportion de suif trop élevée, quand ils sont gras.

Les perfectionnements apportés à la culture et surtout la suppression des jachères mortes, ainsi que l'amélioration de la viabilité, ont permis d'employer des animaux de moindre puissance et résistance, tels que les limousins et les salers, qui sont plus faciles à engraisser. Il en est résulté que les bœufs de la première de ces races se sont substitués aux bœufs parthenais dans les Charentes jusqu'aux environs de Saintes, Jonzac et Mirambeau, et ont occupé la plus grande partie de l'arrondissement de Montmorillon, dans la Vienne, pendant que les salers s'avançaient vers l'Ouest, au nord de la Charente, jusqu'à Matha, Melle et le sud de Saint-Maixent.

En même temps, la merveilleuse extension prise par l'industrie beurrière amenait les agriculteurs à peupler leurs étables d'autres races. Il est vrai de dire que, sous ce rapport, il semble qu'il y ait une certaine réaction en faveur des vaches parthenaises, et certaines beurreries coopératives, en raison de la richesse en crème du lait de ces vaches, ont inséré dans leurs statuts l'obligation pour les associés de n'en pas entretenir d'autres.

Les centres d'élevage du parthenais parviendront-ils à modifier leur race dans le sens de la précocité et des facultés d'engraissement? On fait dans ce but des efforts un peu tardifs et encore peu apparents sur l'ensemble, mais intéressants et méritoires, par la voie de la sélection. Des résultats importants ont déjà été obtenus. Ce sera le seul moyen d'empêcher que la race parthenaise disparaisse peu à peu de cette contrée, soit par refoulement, soit par la voie des croisements. Ses caractères spéciaux ne pourront pas être conservés si on a recours à l'infusion de sang étranger pour l'améliorer. Or il ne faut pas se dissimuler que c'est la tendance actuelle, qu'explique le voisinage de la région des croisements durham. Il existe aussi de petits centres d'élevage de la race charolaise en Vendée, autour de la Roche-sur-Yon, à Poiré-sur-Vie, aux Essarts, près de Chantonnay et près de Pouzauges.

Mais la sélection seule ne sera pas suffisante; il faudra que les élèves soient nourris d'une façon moins parcimonieuse qu'on ne le fait généralement. Ce n'est, en effet, que vers l'âge de 2 ans qu'ils sont l'objet de meilleurs soins parce qu'ils sont alors préparés pour la vente et, d'ailleurs, à cet âge leur tempérament robuste a pris le dessus. Il y aura lieu aussi de ne plus attendre que les bouvillons aient atteint 15 ou 18 mois pour les castrer, et aussi de conserver les bons taureaux plus longtemps à la reproduction. En effet, c'est une exception quand ils sont conservés au delà de 2 ans et demi.

Le nombre des animaux de la race parthenaise au-dessus de 6 mois peut être évalué approximativement à 943,000 têtes, qui, d'après les indications de la statistique, formeraient un poids total de 267,000 tonnes:

Vendée (9/10 des existences)	309,000 têtes.
Loire-Inférieure (4/5 des existences)	244,000
Deux-Sèvres (3/4 des existences)	172,000
Vienne (3/4 des existences)	104,000
Charente-Inférieure (1/2 des existences)	81,000
Indre-et-Loire (1/4 des existences)	33,000

Il conviendrait d'ajouter quelques milliers d'animaux répartis dans le sud du Morbihan et de l'Ille-et-Vilaine, un assez grand nombre de bœufs qui sont engraissés annuellement dans le Choletais, et aussi les vaches parthenaises (gâtines), dont on trouve généralement une tête dans chaque ferme du Limousin à titre de laitière.

En somme, le nombre total des animaux de la race parthenaise est assez voisin du million indiquée par M. Rozeray.

Dans ce nombre, les bœufs de travail figurent pour un cinquième. C'est vers l'âge de 6 ans qu'on les engraisse, le plus souvent à l'étable, en fin d'automne et en hiver. Pendant l'été qui précède, ils ne font que des travaux légers et ne sont utilisés que dans les moments de presse. C'est une période de préparation durant laquelle ils pâturent dans les champs et les prés, ne rentrant à l'étable qu'aux heures les plus chaudes de la journée et pendant la nuit. Les choux fourragers et les pommes de terre jouent un grand rôle dans cette région pour l'engraissement, surtout à l'ouest; car du côté de la Vienne ce sont les topinambours qui dominent. La durée de l'engraissement à l'étable est de quatre à cinq mois.

La race parthenaise fournit environ 50,000 bœufs gras par an à la boucherie. Sur ce nombre, la Vendée figure pour 18,000 et les Deux-Sèvres pour 11,000. Les bœufs pèsent de 700 à 900 kilogrammes, avec un rendement moyen en viande nette de 55 à 58 p. 100. Le cuir pèse 65 kilogrammes. L'augmentation du poids des bœufs gras depuis cinquante ans est évaluée à 100 kilogrammes. Les vaches de réforme grasses pèsent de 450 à 500 kilogrammes avec 50 p. 100 de viande nette et 50 à 55 kilogrammes de cuir.

Un bœuf parthenais de 5 ans 4 mois primé à un concours général de Paris a donné à l'abattoir les résultats suivants :

Taille.	$1^{m}42$	Cuir.	58^{k}
Poids vif	865^{k}	Proportion p. 100 du cuir...	6.760 p. 100
Poids de quatre quartiers.	$534^{k}5$	Pieds et patins.	$9^{k}5$
Proportion p. 100 de viande nette.	61.80 p. 100	Canard.	$3^{k}7$
Poids du suif.	91^{k}	Poumons et cœur.	8^{k}
		Foie et rate.	$9^{k}2$
Proportion p. 100 du suif.	16.53 p. 100	Langue.	$4^{k}5$
		Sang	$20^{k}5$
		Intestins et déchets.	125^{k}

Ce dernier poids est considérable, de même que la proportion du suif, qui tient à la longue préparation qu'il faut faire subir à l'animal ayant travaillé longtemps avant de procéder à son engraissement. Il y a tendance à faire l'engraissement plus rapidement qu'autrefois et, par suite, on constate fréquemment des proportions de suif bien moins considérables.

Ce serait le moment de parler de la race *maraîchine*, qui n'est autre que la parthenaise modifiée par l'habitat. Mais nous avons vu à l'article « Croisements durham » que les maraîchins ont presque complètement disparu et ont été remplacés par des croisements le plus souvent désordonnés, tant dans la contrée formée par les arrondissements de Marennes, Rochefort, la Rochelle et la partie de la Vendée située au sud de Luçon que dans celle beaucoup plus restreinte située sur la côte de l'Océan, en face de l'île de Noirmoutiers, et comprenant tout ou partie des cantons de Bourgneuf, Beauvoir, Challans et Saint-Jean-de-Mont.

Toutefois, notre correspondant, M. Biguet, professeur départemental d'agriculture, nous écrit que « le Marais se peuple peu à peu de bestiaux vendéens meilleurs; le nombre des agriculteurs partisans du normand, du charolais, du manceau, etc., va en diminuant, et les croisements ayant donné des résultats régulièrement mauvais, on y renonce à peu près partout où ils ont été essayés. »

Si cette réaction s'accentue, elle aura lieu en faveur du parthenais, et non du maraîchin, attendu que l'amélioration des prés-marais permet d'entretenir des animaux moins résistants aux privations et moins rustiques qu'autrefois. Le maraîchin présentait ces avantages; mais, par contre, très osseux, très anguleux, à robe très foncée, il était non seulement tardif, mais très dur à l'engraissement.

C'est également le moment de parler de la soi-disant race *marchoise*, qui a beaucoup d'analogie avec le parthenais et qui, elle aussi, tend de plus en plus à diminuer d'importance et finira par disparaître, refoulée qu'elle est, d'une part, par la race limousine et, d'autre part, par la race charolaise, ou absorbée par les croisements faits avec ces deux races.

M. Lafargue, professeur départemental d'agriculture de la Creuse, où les marchois ont encore le plus de représentants, s'exprime ainsi : « Il faut remarquer que la race limousine se rencontre aujourd'hui dans toutes les communes du département ou peu s'en faut. Dans la circonscription où les marchois sont encore nombreux (dont les limites sont Eguzon, Aygurande, Bonnat, Ahun et Bénévent-l'Abbaye), elle commence à disputer vigoureusement la place aux marchois. Dans la zone du Charolais (de l'ouest de Boussac, au nord, à Bellegarde, au sud), elle se partage avec eux les faveurs des éleveurs. »

Entre ces deux zones et au sud du département, la race limousine et ses croisements avec les marchois sont la règle générale, à l'exception de l'extrême sud-est, où l'élément salers ou ferrandais se fait sentir.

On trouve aussi un groupe de marchois au nord de la Corrèze, sur le plateau de Millevache, en contact avec les limousins aux environs du Bugeat et de Maymac et avec les salers au sud et à l'est d'Ussel.

Nous n'avons qu'à retracer ici les caractères distinctifs du marchois, tels que M. Lafargue les décrit : Tête dite de *Brète* ou de *Maure*, ayant mêmes caractères que pour les animaux de race parthenaise de même que pour le cornage.

Taille moyenne de 1 m. 35 pour les mâles et 1 m. 30 pour les femelles.

L'absence de pigment aux parties sexuelles est le seul caractère qui serve aux éleveurs pour distinguer la race marchoise de la parthenaise.

La robe est très variée : on trouve des animaux à robe blaireau; chez d'autres, la robe est charbonnée à la tête, sur les épaules, sur la croupe et aux membres, sur fond brun ou fauve.

Les animaux marchois présentent avec exagération les défauts des parthenais : derrière serré et haut fendu, queue haute, côte plate, aplombs souvent défectueux.

On n'a rien fait pour améliorer la race marchoise par la sélection. Si elle n'est pas encore complètement absorbée par les races voisines, c'est à cause de sa supériorité relative sous le rapport des qualités laitières.

Les associations agricoles visent surtout l'introduction soit du limousin, soit du charolais.

Les marchois sont de bons travailleurs, rustiques, résistant bien au froid, à la chaleur, aux mouches; ils ont une bonne allure. Les vaches sont employées aux divers travaux dans la proportion des quatre cinquièmes, en raison de la division des exploitations.

Les bouvillons, castrés seulement à 2 ans et demi, ce qui nuit à leur avenir d'animaux de boucherie, ne sont dressés au joug qu'à 3 ans.

C'est à l'âge de 6 ans qu'on les met à l'engrais à l'étable, après un repos de 3 mois.

Le poids des animaux gras est inférieur à celui des parthenais. Le rendement en viande nette est le même, ainsi que la proportion de suif et le poids du cuir.

Les génisses sont saillies à 2 ans par les taureaux, généralement maintenus à l'étable et qui ne sont pas conservés au delà de 30 mois.

Les vaches produisent de 1,200 à 1,500 litres de lait pour une durée de lactation qui n'excède guère 6 à 7 mois. Il faut de 24 à 26 litres de lait pour faire 1 kilogramme de beurre.

La période de pâturage dure de 7 à 8 mois. Les animaux couchent dehors environ la moitié de cette période.

RACE CHAROLAISE.

Aucun élevage de race bovine française n'a pris une extension aussi rapide et aussi considérable que celui de la race charolaise. Limité, vers la fin du xviiie siècle, au Brionnais et à l'ancienne province du Charolais, il ne commençait à s'introduire dans la Nièvre que vers 1810. En 1864, M. Chamart arrivait, par un calcul curieux, à établir que le nombre des animaux de race charolaise répartis dans les départements de Saône-et-Loire, Nièvre, Cher et Allier, devait approcher de 400,000.

Actuellement ce nombre dépasse un million, si on y comprend les animaux croisés dans lesquels les caractères du charolais dominent et cette population se répartit approximativement comme il suit :

Allier (totalité des existences)	256,000 têtes.
Saône-et-Loire (4/5 des existences)	256,000
Nièvre (totalité des existences)	192,000
Loire (1/2 des existences)	75,000
Cher (1/2 des existences)	70,000
Yonne (1/2 des existences)	64,000
Côte-d'Or (1/3 des existences)	58,000
Indre (1/5 des existences)	27,000
Puy-de-Dôme (1/10 des existences)	28,000
Total	1,026,000

Il convient d'ajouter à ce nombre environ 30,000 bœufs achetés annuellement tant pour aller exécuter les travaux dans les centres sucriers, puis y être engraissés, que pour être mis dans les pâturages d'embouche autres que ceux de la région d'élevage du charolais.

Le poids vif total de ces animaux, calculé d'après les données de la statistique de 1892, s'élèverait au chiffre énorme de 370,000 tonnes.

Les limites de la région d'élevage de la race charolaise sont : au nord, une ligne partant d'Ouzouer-sur-Loire pour se diriger sur Coulanges, au sud de la ville d'Auxerre, puis sur Vermenton, Avallon et le nord de Semur; à l'est, dans la Côte-d'Or, cette ligne passe par Flavigny, Sombernon, Bligny-sur-Ouche, Nolay, puis, dans le département de Saône-et-Loire, à Chalon-sur-Saône, Mâcon, la Chapelle-de-Gunchay; alors elle pénètre dans le Rhône jusqu'aux environs de Villefranche, puis s'incline vers l'ouest en formant une presqu'île à l'est de Nérondes et de Saint-Galmier jusqu'à Saint-Rambert. De ce point extrême la limite remonte vers le nord à peu de distance à l'est de Montbrison, vers Saint-Haon-le-Châtel, passe entre la Palisse et Mayet-de-Montagne pour gagner le sud de Gannat et redescendre vers Mauzat, Pontgibaut, Pontau-mur et Croq jusqu'à l'ouest de Boussac; puis elle se dirige vers le sud de Saint-Amand (Cher), passe par le Châtelet, englobant la Châtre par Sainte-Sevère, Saint-Sépulcre, le sud d'Ardentes, l'est d'Issoudun et de Graçay, le sud de Vierzon, redescend au sud le long de la vallée du Cher (rive droite); alors, contournant Dun-le-Roi, elle gagne Baugy et Sancerre d'où, en formant une large bande sur la rive gauche de la Loire, elle va rejoindre Ouzouer-sur-Loire.

Ces limites ne sont pas définitives et il y a tendance constante à l'accroissement de l'aire géographique du charolais partout où la nature du sol permet la création de bons pâturages, par exemple sur les marnes du lias, dans la Côte-d'Or, où la culture est difficile et peu rémunératrice.

Cette vaste contrée présente des différences sensibles au point de vue de la qualité et de la perfection des animaux reproducteurs. Il y a d'ailleurs à établir une distinction entre le charolais et le charolais-nivernais.

Les meilleurs types de la race charolaise pure se trouvent dans le *Brionnais* proprement dit, dans le canton de Semur-en-Brionnais et dans une partie des cantons de Charolles, la Clayette et Marcigny. Dans le cœur de cette région, comprenant les communes de Briaut, Saint-Didier, Saint-Christophe, Oyé, Amanzé, Saint-Laurent, etc., on peut évaluer à 12,000 ou 15,000 les reproducteurs mâles et femelles constituant le vrai type charolais.

La zone d'élevage du charolais pur ne s'est pas étendue depuis trente ans. Elle reste limitée aux sols calcaires profonds (lias, infra-lias, calcaire oolithique et marnes irisées) où elle prend des qualités spéciales, tandis qu'elle ne trouve pas dans le reste du Charolais le phosphate de chaux qui est nécessaire à son développement.

Les caractères du type charolais sont les suivants :

Tête petite relativement à l'ensemble du corps, à crâne allongé ; mufle large, naseaux bien ouverts ; lèvres épaisses ; oreilles petites, minces, peu fournies ; œil grand et ouvert ; physionomie douce et calme. La peau forme sous les ganaches des replis qui s'arrêtent à la naissance du cou.

Cornes grosses à leur naissance, rondes, allongées et relevées chez les sujets perfectionnés ; de couleur blanc ivoire, souvent verdâtres à la pointe chez les sujets moins fins.

Taille moyenne de 1 m. 50 pour les taureaux comme pour les vaches.

Squelette relativement très réduit, corps ample et long, membres courts, poitrine profonde, reins et croupe larges, culotte rebondie et bien descendue, la fesse formant une forte masse musculaire au-dessus du jarret et dépassant la verticale abaissée de la pointe. Encolure courte, renflée chez les taureaux ; gorge bien évidée, sans fanon ; queue large à la base, implantée bas, courte, effilée et terminée par une touffe de crins fins.

Robe blanche, quelquefois blanc-froment, à poils épais, fins et brillants. Peau épaisse mais souple. Toutes les parties dénuées de poils sont colorées en rose.

L'amélioration de la race a été poursuivie de différentes façons :

1° Un concours de la race charolaise se tient annuellement à Charolles le premier samedi de février ; 7,000 francs de primes y sont distribués. Il s'y fait de très importantes transactions pendant les trois jours qu'il dure ;

2° Comme conséquence de ce concours et pour permettre aux éleveurs étrangers de faire choix de taureaux et génisses, un marché spécial de veaux d'élevage a été créé à

Charolles, par décision du Conseil général, pour se tenir le quatrième jeudi d'octobre;

3° La Société d'agriculture de l'arrondissement de Charolles distribue annuellement 3,500 francs de primes aux animaux charolais nés et élevés en Saône-et-Loire;

4° Un livre généalogique a été institué en 1887. Il comptait, en 1900, 565 taureaux et 320 génisses inscrits;

5° Une société anonyme, dont le siège est à Roanne, a fondé, en 1880, la vacherie d'Oyé. Elle reçoit d'importantes subventions de l'État et du département. Cette création est due à l'initiative de M. Audiffred, député de la Loire, qui est le président du conseil d'administration. Chaque année, à la fin d'octobre, elle met en vente de vingt à vingt-cinq reproducteurs;

6° Le syndicat de la race charolaise, qui tient et dirige le livre généalogique, a pour objet principal de propager cette race et d'assurer la défense et la protection des éleveurs.

La charolaise est médiocre laitière. Durant les 280 à 300 jours de la lactation, le rendement moyen est de 1,500 litres à peine. Il en faut le plus souvent environ 28 litres pour faire 1 kilogramme de beurre.

Si M. H. Chamard a cru devoir énergiquement protester, dans l'article de l'*Encyclopédie pratique de l'agriculture* consacré par lui à la race charolaise, contre ce qu'il appelait des insinuations malveillantes, consistant à prétendre que les éleveurs les plus distingués de la race charolaise, au début de son expansion dans la Nièvre et le Cher, avaient obtenu leurs rapides succès grâce à l'infusion du sang durham, il constatait lui-même que « bien des éleveurs nivernais, quoiqu'ils s'en défendent à outrance, ont croisé leurs charolais avec le bétail anglais ».

Actuellement c'est un fait bien reconnu, et ils ne s'en défendent même plus. Ils auraient d'ailleurs bien tort, car c'est un grand mérite pour eux d'avoir su infuser le sang durham avec autant d'habileté et de méthode qu'ils ont réussi à le faire, c'est-à-dire sans faire disparaître les caractères essentiels, non plus que les qualités et les aptitudes du charolais. Une sélection bien comprise a fait le reste, en donnant la fixité à la race charolaise-nivernaise.

La description faite par M. Chamard des caractères les plus estimés, comme indiquant à la fois l'aptitude au travail et à la boucherie, mérite d'être reproduite *in extenso* :

« Une tête courte (crâne carré), conique, large à la partie supérieure et ayant un chanfrein droit ou camus avec de larges voies respiratoires; le haut du front plat, surmonté de cornes rondes, petites, d'un blanc d'ivoire, dirigées en avant et légèrement relevées vers la pointe; des yeux grands, saillants, au regard vif et doux; des joues fortes et paraissant déborder latéralement la région frontale quand l'animal est vu de face; le dessous de la gorge bien fourni et simulant une sorte de double ou triple menton; des oreilles larges, relevées et peu fournies de poils; l'encolure courte, peu chargée et dépourvue de fanon; la ligne dorsale droite et garnie de muscles dans les dernières limites du possible; le rein large, épais et court; les côtes longues et fortement arquées; les hanches effacées, mais larges, ainsi que la croupe et la culotte; la queue courte, fine à l'extrémité, peu garnie dans la région du fouet, large à la base et s'arrondissant avec les ischions, sans former aucune saillie notable; les membres fins, distingués, bien d'aplomb et d'une longueur à peu près égale au tiers de la taille du sujet; le tronc volumineux et arrondi sur tous les angles; la ligne du dessous à peu près parallèle à celle du dos et des reins et se prolongeant jusqu'au bas de la culotte, ce qui donne au système digestif une certaine prépondérance, la rotule noyée dans le pli du grasset et le coude empâté dans les chairs; la peau d'épaisseur moyenne, mais d'une grande souplesse et recouverte d'un poil fin, lustré et peu fourni; l'ensemble exprimant la douceur, en même temps qu'une grande distinction unie à un grand poids; enfin un grand développement des parties les plus estimées par la boucherie. »

Pour se rapprocher dans l'élevage de cet idéal, il faut aller chercher des reproducteurs mâles et femelles dans les contrées qui produisent les meilleurs. Ces contrées sont :

1° Pour la Nièvre, les cantons de Saint-Saulge, Saint-Benin-d'Azy, Brinon, Prémery, Nevers, Saint-Pierre-le-Moutier et partie de ceux de Tonnay, Corbigny et Châtillon.

Les concours de Nevers (février et octobre) réunissent 200 à 300 jeunes taureaux. En octobre, les vaches et génisses sont admises, mais les taureaux sont moins nombreux. La foire de Saint-Saulge, la veille de la Saint-Martin, est remarquable par le nombre et la qualité des taureaux.

On en présente également de très bons aux foires de Decize, Saint-Pierre-le-Croutier, Châtillon-en-Bazois et Prémery.

On évalue à plus de 1,000 les jeunes taureaux qui sont vendus dans cette région, annuellement, à des prix variant entre 500 et 1,200 francs;

2° Pour l'Allier, ce sont les cantons de Bourbon-l'Archambault, de Souvigny, de Dompierre, de Neuilly-le-Réal, ouest et est de Moulins. Le canton de Cérilly, arrondissement de Montluçon, possède aussi un certain nombre d'étables où on produit de bons taureaux.

C'est surtout aux foires de Moulins, à partir du premier vendredi de novembre jusqu'au premier vendredi de février, que sont amenés les taureaux de choix de l'Allier, ainsi qu'à un grand marché qui précède de huit jours le concours de Nevers. Les foires qui se tiennent à Varennes, Montluçon et le Broutet sont également bien pourvues;

3° Pour le Cher, c'est la vallée de Germigny, de La Guerche à Saint-Amand. Les bonnes foires à reproducteurs se tiennent dans ces deux localités et à Nérondes.

Plus de 2,000 taureaux de choix sont vendus dans les concours de Nevers, Moulins, Sancoins, Charolles.

Les sociétés d'agriculture et comices de ces contrées, largement subventionnés à cet effet par l'État et les départements, ont poursuivi l'amélioration de la race charolaise avec beaucoup de méthode. C'est ainsi que la Société d'agriculture de la Nièvre affecte environ 8,000 francs de primes à la race charolaise-nivernaise dans son seul concours de février. Les concours spéciaux organisés par l'État sont largement dotés et sont tenus tour à tour dans les meilleurs centres d'élevage. Un livre généalogique a été institué en 1899 pour l'ensemble de la race sur l'initiative de la Société départementale d'agriculture de la Nièvre. L'administration de ce Herd-Book appartient à une commission composée de huit membres nommés par cette société et quatre membres nommés par chaque société départementale adhérant à cette institution.

Les statuts, sauf pour quelques détails, sont la reproduction de ceux du Herd-Book normand.

Il est probable que dans un avenir plus ou moins éloigné il n'y aura plus lieu de faire de distinction entre la race charolaise pure et la race charolaise-nivernaise, attendu que, dans la zone d'élevage de la première, les éleveurs se fournissent aussi bien d'animaux reproducteurs de l'une que de l'autre.

La production des bons reproducteurs ne se limitera sans doute pas aux contrées indiquées ci-dessus. C'est ainsi que, dans la partie de la Côte-d'Or où on élève le charolais, quelques agriculteurs n'ont d'autre préoccupation que de sélectionner au plus haut degré possible pour arriver à ce résultat. Mais, outre cette question de sélection, il y aura toujours, par le fait de la qualité du sol et de la nature des herbages, des localisations forcées et, par suite, la nécessité pour la grande majorité du territoire occupé par l'élevage charolais de recourir fréquemment à l'importation des taureaux de choix élevés dans les meilleurs centres.

En effet, ou bien les pâturages, par leur nature, ont tendance à grossir les squelettes comme dans les sols liasiques, riches en phosphates, de l'Auxois et de certaines parties de l'arrondissement d'Avallon et alors il est nécessaire, pour l'élevage, de recourir à des reproducteurs plus fins; ou bien ils affinent trop la charpente et diminuent les facultés de travail, ainsi que cela a lieu dans les terrains granitiques du canton de Saulieu et d'une partie de celui de Précy, dans le département de la Côte-d'Or ou dans la contrée de Montluçon.

La grande région occupée par la race charolaise présente ce caractère bien spécial que la diversité des sols modifie la nature des herbages de telle façon que les trois spéculations animales, élevage, travail et engraissement, y sont entremêlées de la façon la plus heureuse. Telle partie où la fertilité du sol est restée faible, malgré les améliorations réalisées, par exemple la région granitique du Morvan, fait naître pour vendre les élèves aux contrées plus riches, dès qu'ils ont atteint l'âge de 6 mois; telle autre, constituée par des sols argileux du lias, de l'infra-lias, des calcaires à gryphées géantes ou à ciment, gardent au pâturage les élèves soit nés sur la ferme, soit achetés jeunes, jusqu'à l'âge de 3 ans, pour les vendre directement à la boucherie; d'autres possèdent des herbages amenant bien les bœufs qui, après avoir atteint leur complet développement en travaillant, vont soit se faire engraisser dans les embouches répartis dans les bonnes vallées, soit travailler dans les cultures industrielles du nord de la France, pour être soumis ensuite à l'engraissement au moyen des pulpes.

L'élevage de la région charolaise est donc bien différent de celui qui produit les croisements durham. En effet, non seulement on y élève, mais encore on y engraisse le bétail, soit jeune et n'ayant pas travaillé, soit plus âgé, après avoir fourni une certaine somme de travail, en n'exportant au dehors que les excédents de production des uns et des autres.

Il résulte de ce qui précède que la vente des veaux de boucherie de race charolaise est très limitée et ne dépasse par les besoins de la consommation locale. On s'efforce généralement de faire naître les veaux d'élevage pendant la période de stabulation hivernale et même jusqu'à la fin de mai, afin que la mère puisse trouver une herbe abondante au pâturage pendant la période de l'allaitement. On attache moins d'importance à l'époque de la naissance des veaux dans les pays dits d'embouche et spécialement dans le Brionnais.

Dans les régions fertiles, on sèvre les veaux entre 3 et 4 mois. On attend jusqu'à 6 ou 7 mois dans les autres régions et aussi quand il s'agit d'élever de jeunes taureaux de bonne origine.

Ceux-ci commencent à faire la saillie de 1 an à 15 mois, le plus souvent en liberté dans les prés. Il ne sont conservés pour la reproduction que deux ans. Cependant, dans les centres réputés pour leurs reproducteurs, on conserve les meilleurs jusqu'à 4 et 5 ans.

Les génisses sont livrées à la saillie plus ou moins jeunes, suivant les contrées : à 2 ans dans le Nivernais, Saône-et-Loire, la vallée de Germigny et les parties les plus en progrès de l'Allier; à 18 mois dans la Côte-d'Or et l'Yonne; à 15 mois dans les pays les plus fertiles du Brionnais.

Les bouvillons sont bistournés quand ils ont de 4 à 6 mois dans le Nivernais, de 8 mois à 1 an dans la Côte-d'Or, veaux de lait et jusqu'à 1 an en Saône-et-Loire, suivant que les éleveurs cherchent à obtenir plus ou moins de finesse. Les bœufs sont dressés au joug entre 30 mois et 3 ans, et plus jeunes en Saône-et-Loire.

Les vaches ne sont employées au travail que dans les sols granitiques tels que les cantons de Chauffailles, Saint-Bonnet, Bourbon-Lancy, Issy-l'Évêque (Saône-et-Loire) et dans le Morvan (cantons de Liernais, Saulieu) par la petite culture. Dans la région d'Avallon, où se fait l'engraissement des jeunes bœufs, les travaux sont faits par des chevaux. L'allure des animaux de travail de race charolaise, surtout celle des bœufs, est lente.

Ils sont très résistants aux changements de température, habitués qu'ils sont à vivre jour et nuit au pâturage du commencement de mars au milieu de novembre. Ils résistent si bien aux ardeurs du soleil que dans les pâturages nouvellement créés on ne s'est nullement préoccupé de leur assurer de l'ombrage.

Contre les mouches on ne prend aucune précaution autre que celle de mettre un filet à franges sur la tête des animaux qui travaillent par la chaleur.

Les bœufs charolais atteignent leur entier développement entre 5 et 6 ans, suivant qu'on exige d'eux plus ou moins de travail. Leur taille moyenne varie alors entre 1 m. 50 et 1 m. 60.

C'est à cet âge que les bœufs sont vendus, soit pour l'embouche, soit pour les contrées de distilleries ou de sucrerie.

Les emboucheurs de la région charolaise ne se basent pas, pour leurs achats, sur le poids brut de l'animal; ils calculent seulement combien l'animal pourra fournir de viande nette à l'abattoir et combien il mettra de temps pour arriver à un bon engraissement. Ils savent, par l'appréciation de ses qualités, de sa précocité, de son état, dans quel pré il conviendra de le placer, lui réservant les meilleurs s'il est déjà bien parti, les moins bons s'il ne paraît pas prédisposé à s'engraisser facilement.

Les emboucheurs charolais engraissent aussi des vaches de réforme. Il y a même tendance à augmenter les embouches en vaches plutôt qu'en bœufs, parce qu'il faut une moins grande mise de fonds. En outre, la vache peut utiliser des prés de moindre qualité. Les vaches d'embouche sont achetées non saillies et ce n'est que deux ou trois mois avant la fin de leur engraissement qu'on met un taureau avec elles dans l'herbage.

On engraisse aussi, en dehors de la contrée de *terres plaines* d'Avallon et de la Côte-d'Or, où cela est de pratique ordinaire, des jeunes bœufs de 3 ans n'ayant pas travaillé; comme leur engraissement est rapide, on ne les met le plus souvent à l'embouche qu'en remplacement des bœufs qui, achetés en première saison en bon état, ont pu être livrés de bonne heure à la boucherie.

Quand l'engraissement n'a pu être complet au pâturage, on l'achève à l'étable.

M. de Lapparent.   5

Suivant que les animaux ont pris plus ou moins de développement en raison de leur origine et des milieux plus ou moins favorables dans lesquels ils ont vécu, leur poids vif moyen à l'état d'engraissement varie pour les bœufs de 5 à 6 ans entre 850 et 1,000 kilogrammes, et celui des vaches entre 600 et 700 kilogrammes.

Le rendement en viande nette est de :

Pour les bouvillons de 24 à 30 mois.........................	300 à 350 kilogr.
Pour les bœufs de 3 ans à 3 ans et demi......................	400 à 450
Pour les génisses de 24 à 30 mois..........................	250 à 300
Pour les vaches de 3 ans à 3 ans et demi.,....................	350 à 400
Pour les bœufs âgés.......................................	450 à 550
Pour les vaches réformées	400 à 425

Le plus souvent le rapport de la viande nette au poids vif atteint 55 p. 100 pour les bœufs et 52 p. 100 pour les vaches.

Dans le Nivernais on estime que, durant la seconde moitié du siècle, le poids vif a augmenté de 150 kilogrammes pour les bœufs et de 100 kilogrammes pour les vaches.

RENDEMENT D'ANIMAUX CHAROLAIS PRIMÉS À PARIS.

	BŒUF DE 45 MOIS.	BŒUF DE 6 ANS.	VACHE DE 4 ANS 1/2.
Taille..................................	1^m48	1^m60	1^m37
Poids vif..............................	960^k	960^k	770^k
Poids des quatre quartiers.............	640^k	635^k	550^k
Proportion p. 100 des quatre quartiers au poids vif......................	66.66 p. 100	66.14 p. 100	67.27 p. 100
Poids du suif..........................	95^k	82^k	54^k
Proportion p. 100 du suif au poids vif..	9.90 p. 100	12.92 p. 100	10.77 p. 100
Poids du cuir..........................	53^k	59^k	42^{k}5
Proportion p. 100 du cuir au poids vif.	8.28 p. 100	9.29 p. 100	5.50 p. 100
Pieds et patins........................	11^k	13^k	8^{k}3
Canard................................	4^k	4^k	3^{k}5
Poumons et cœur......................	8^k	10^k	6^{k}7
Foie et rate...........................	11^k	12^k	9^{k}3
Langue	6^k	5^k	4^{k}2
Sang..................................	30^k	34^k	23^{k}5
Intestins	28^k	} 106^k	31^{k}9
Déchets...............................	74^k		59^{k}1

Il convient ici de dire quelques mots de la race morvandelle. Rustique et vigoureuse, elle donnait de très bons bœufs de travail, qu'on élevait spécialement dans les cantons ouest de la Côte-d'Or (Saulieu, Liernais, Précy-sur-Thil), dans l'est de la Nièvre et dans le sud de l'Yonne.

De 1825 à 1840, on eut recours à des importations de reproducteurs des races suisse, hollandaise, salers et nivernaise; puis, vers 1850 et pendant une dizaine d'années, les durhams furent en vogue. Mais à partir de 1860 on abandonna tous ces croisements pour y substituer le charolais-nivernais. Actuellement, à part une partie des cantons de Semur, de Flavigny et de Montbard, où les croisements avec des races laitières ont été conservés, à part aussi quelques points du haut Morvan, au sud du canton de Quarré-les-Tombes, où on rencontre quelques vaches morvandelles, mais jamais de taureaux, le charolais-nivernais constitue la très grande majorité de la population bovine et le temps est proche où il n'existera plus de représentants de la race du Morvan qui, ne produisant pas de bons animaux pour l'engraissement, ne répondait plus aux conditions économiques et aux progrès réalisés par l'agriculture.

C'est donc à titre de simple document que nous rappellerons ici ses principaux caractères :

Tête moyenne à front étroit et à chignon proéminent; cornes fines et longues de couleur blanche; taille moyenne, plutôt petite; genou de bœuf très prononcé; squelette assez fin; formes très anguleuses; robe pie-rouge.

Cette race, assez faible laitière, avait le mérite d'être peu exigeante et très rustique, trouvant dans les *champs de balais* la nourriture suffisante à son entretien.

POPULATION BOVINE DU NORD-EST.

L'examen des races parthenaise et charolaise nous a conduit loin dans le Centre. Il nous faut revenir vers le Nord-Est pour rester dans notre programme. Mais dans la vaste contrée formée par les départements des Ardennes, de la Meuse, de Meurthe-et-Moselle, des Vosges, de la Haute-Marne, on ne se trouve plus en présence de races définies, d'une population bovine présentant une certaine homogénéité. Les variétés auxquelles on a voulu donner les noms de races *ardennaise, meusienne, vosgienne,* ont été tellement modifiées, absorbées même par des croisements successifs ou simultanés avec des reproducteurs de races multiples, qu'on doit les considérer comme à peu près disparues, si tant est qu'elles aient jamais existé.

Nous chercherons donc seulement à établir autant que possible la situation actuelle et les tendances qui se manifestent sur les divers points de cette contrée.

Nous avons vu à l'article « Hollandais » que dans le nord de la Meuse et l'est de l'Aisne, après avoir eu recours aux flamands, aux durhams, et même aux normands, en même temps qu'aux hollandais, on revient de plus en plus à cette dernière race, en raison de l'extension prise par les beurreries. Les animaux *de pays* intitulés ardennais représentent à peine le vingtième des existences. Dans le sud (Champagne), la spéculation des bons veaux gras de trois mois a porté les préférences sur les croisements avec les normands et les durhams.

Néanmoins, dans l'arrondissement de Vouziers, le Cercle agricole a décidé récemment de favoriser le développement de la race hollandaise.

Dans la première de ces zones, les bons herbages susceptibles de faire l'engraissement ont une assez grande importance; il y a même beaucoup de propriétaires qui sont simplement herbagers. Les herbages sont chargés au printemps d'animaux manceaux, normands, comtois, nivernais, etc. Dans les moins fertiles, on engraisse de préférence les bœufs élevés dans la Meuse et les vaches de réforme de pays. Les Ardennes livrent annuellement à la boucherie de 4,000 à 5,000 bœufs.

Dans la Meuse, l'arrondissement de Montmédy est surtout peuplé de croisements avec les hollandais; celui de Verdun de croisements hollandais et durham; ceux de Bar-le-Duc et de Commercy de croisements schwitz, fribourgeois et bernois. On trouve aussi dans le sud du département de nombreux animaux se rapprochant des types tourache et fémelin.

Les essais de ces races diverses sont dus aux sociétés agricoles qui, sans esprit de suite, ont fait de nombreuses importations de reproducteurs des unes et des autres et même de normands.

Nous avons dit aussi que, dans l'arrondissement de Verdun, le sang hollandais avait repris une grande faveur, depuis la création de nombreuses industries laitières, aux dépens du sang durham. A Commercy, on persiste dans l'introduction de la race schwitz. A Bar-le-Duc on est indécis, mais il y a tendance vers le montbéliard. Ce département ne compte pas 2,000 bœufs de travail, et si l'on en engraisse annuellement 3,000 à 4,000, c'est qu'ils sont importés d'autres contrées pour garnir les pâturages d'embouche.

En Meurthe-et-Moselle, pour les mêmes raisons, même mélange de races difficile à définir, sauf qu'on trouve un certain nombre de hollandais dégénérés dans l'arrondissement de Briey et d'animaux dits *vosgiens* au voisinage de la montagne.

Actuellement la faveur du sang durham tend à disparaître et les races bernoise et montbéliarde sont celles qu'on importe le plus. Il y en a beaucoup aux environs de Nancy et de Lunéville.

La plupart des travaux sont exécutés par des chevaux dans ce département, où on ne compte pas beaucoup plus de 3,000 bœufs de travail et où l'on n'en engraisse qu'un millier. Les vaches travaillent chez les petits cultivateurs et on voit assez fréquemment des attelages mixtes de chevaux et de bêtes bovines dressées au collier.

Pas plus que dans les départements précédents, il n'existe de race bien affirmée dans les Vosges, dont la population bovine est un amalgame peu définissable par le fait de croisements de toutes sortes qui s'y sont faits.

Notre correspondant, M. Adam, professeur départemental d'agriculture, s'exprime ainsi : «L'historique de la population bovine est facile à tracer. Le département des Vosges est limité à l'est par la chaîne élevée des Vosges et traversé, dans la partie sud, par les Faucilles. De ces deux chaînes de montagnes partent de nombreux cours d'eau, dont quelques-uns sont très importants : la Moselle, d'une part, et la Saône de l'autre. A ceux-ci on peut ajouter la Meurthe et la Meuse, qui traversent à l'ouest le département dans la direction S.-N. Ces fleuves ou affluents très importants forment d'immenses vallées ou artères sur lesquelles viennent s'en greffer d'autres en grand nombre. Toutes ces vallées ont été des voies naturelles, sans communications faciles entre les plus importantes, par lesquelles a circulé le bétail. Or ces grandes vallées, avec leurs annexes, communiquent, d'une part, avec la vallée du Rhin par la Meurthe, la Moselle, la Meuse; d'autre part, avec la vallée du Rhône par la Saône et ses affluents. Il en est résulté qu'on trouve, surtout dans le bétail, deux types bien différents : celui des Pays-Bas dans la région montagneuse (arrondissements de Saint-Dié, de Remiremont, moins le canton de Plombières, et arrondissement d'Épinal, en majeure partie) et dans la plaine (la plus grande partie des arrondissements de Mirecourt et de Neufchâteau, un peu de l'arrondissement d'Épinal); tandis que c'est le type jurassique qui domine dans la Vôge, limitée au sud du département par la courbe des Faucilles et qui ressemble en beaucoup de points au département contigu de la Haute-Saône. En examinant de plus près, on trouve, pour le type des Pays-Bas, les variétés flamande, hollandaise, ardennaise, meusienne et le durham (introduit artificiellement); et, pour e type jurassique, les variétés comtoise, fémeline, montbéliarde et fribourgeoise.

«A ces deux types s'en ajoute un autre importé volontairement, celui de la race des Alpes avec toutes ses variétés, notamment le schwitz.

« La région de la montagne se livre en grand à la production des fromages dits *de Géromé;* aussi est-il naturel qu'on ait introduit des schwitz dont l'aptitude à produire un lait riche en caséine est reconnue. Depuis les nouveaux tarifs douaniers, on s'est rejeté, d'abord dans la Vôge et l'arrondissement de Remiremont, puis dans la plaine, sur les comtois et surtout sur les montbéliards, qui ont promptement supplanté les fémelins, un moment en vogue.

« On a voulu prétendre qu'une race dite *vosgienne* avait été constituée. Les représentants de cette prétendue race n'ont jamais eu de caractère fixe, ni d'homogénéité, et les efforts faits sous ce rapport par les éleveurs des cantons de Corcieux et de Bruyères n'ont pas réussi, parce qu'ils n'ont pas su choisir nettement entre les types des Pays-Bas et jurassique et éliminer formellement les sujets du type condamné.

« Aujourd'hui, le courant, très accentué dans la plaine, s'est nettement établi partout pour le type jurassique par l'intermédiaire des montbéliards. Toutes les sociétés agricoles du département achètent chaque année des taureaux de cette race, qui sont répandus dans les campagnes.

« Le schwitz ne sera bientôt plus représenté que dans quelques centres exclusivement fromagers, à cause des défauts qu'on lui a reconnus sous le rapport de la qualité de la viande et de la difficulté que présente son engraissement.

« La robe pie-noire, autrefois très commune, est remplacée le plus souvent par le froment et le rouge et par le pie-jaune. »

Les progrès considérables réalisés par la culture dans les Vosges, spécialement par l'emploi de la chaux et des phosphates dans les régions granitiques et gréseuses de l'arrondissement de Remiremont, ont permis d'augmenter la taille des animaux et d'améliorer leurs formes.

La sélection qu'on commence à pratiquer sérieusement et un sevrage moins hâtif des élèves feront le reste.

C'est à partir des Vosges que le travail des bœufs commence à prendre de l'importance (14,000); les vaches sont aussi quelquefois employées. Bœufs et vaches sont attelés au collier. Le plus souvent les attelages sont mixtes : chevaux en avant et en arrière, bœufs ou vaches en flèche. Les animaux sont énergiques, agiles et résistants; ils ont une bonne allure.

La taille des bœufs ne dépasse guère 1 m. 45 dans la plaine et 1 m. 35 dans la montagne; celle des vaches 1 m. 35 et 1 m. 30 dans les mêmes situations.

L'engraissement à l'étable (rarement à l'herbe) des bœufs, à 5 ou 6 ans dans la plaine et souvent plus âgés dans la montagne, donne pour les premiers un poids net de 650 à 700 kilogrammes et pour les autres de 550 à 650 kilogrammes. Les vaches grasses pèsent de 350 à 450 kilogrammes.

Le rendement en viande nette est voisin de 55 p. 100 pour les bœufs et de 48 p. 100 pour les vaches. Du reste l'engraissement ne porte que sur environ 2,000 bœufs annuellement.

On nous accuse des productions moyennes en lait, d'un vêlage à l'autre, de 1,000 litres dans les Vosges, 1,200 litres dans la plaine, 1,800 à 2,000 dans la montagne.

La transhumance se pratique un peu dans la montagne, où l'on fait pâturer durant trois à quatre mois d'été les *chaumes* très élevés des ballons.

Dans la Haute-Marne, le bétail *de pays*, d'origine comtoise, a été soumis également à des croisements désordonnés, qui ont enlevé toute homogénéité à la population bovine.

En vue de l'améliorer, les sociétés agricoles ont le plus souvent écouté la fantaisie plus ou moins irraisonnée des cultivateurs, en important tour à tour et simultanément des taureaux durhams, normands, flamands, hollandais.

«Ces tentatives furent autant d'insuccès, écrit M. Cassez, professeur départemental d'agriculture, le climat vosgien, une médiocre alimentation, l'absence de méthode dans l'élevage annihilant l'influence des taureaux améliorateurs.

«Le cultivateur haut-marnais comprit alors que la race croisante devait être choisie parmi celles pouvant s'adapter aux conditions de climats et de sol. Vers 1875 les sociétés d'agriculture et comices favorisèrent l'introduction des taureaux schwitz, qui furent délaissés eux-mêmes, à partir de 1885, en faveur des reproducteurs fribourgeois, bernois pie-rouge et, postérieurement, des montbéliards.

«La coloration brune de la viande et l'infériorité du rendement en viande nette sont les raisons qui firent abandonner les schwitz. Depuis lors on pratique dans la Haute-Marne une sélection judicieusement basée sur la production de la viande et du lait. »

Des renseignements sérieux permettent d'évaluer à 400 le nombre des taureaux bernois, fribourgeois et montbéliards importés depuis 1890 dans ce département, où la situation de l'élevage s'est tellement améliorée que la Société de Langres peut chaque année organiser une vente où figurent une dizaine d'animaux purs provenant des étables de la contrée.

Depuis 1896, l'École pratique d'agriculture de Saint-Bon est devenue pour la Haute-Marne une pépinière de reproducteurs de choix. On y entretient des taureaux souche de première valeur.

M. Cassez note que, alors que les animaux des races du Nord nés de parents importés subissent des modifications importantes dans leurs aptitudes et dans leurs caractères extérieurs, particulièrement dans le pelage, ceux du type jurassique ne se modifient pas.

Les taureaux, maintenus à l'étable, font la saillie en main et sont conservés jusqu'à 3 ans 1/2 et 4 ans. Le sevrage des veaux d'élève se fait à 3 mois; les bouvillons sont castrés dans les 4 à 5 mois suivants; les génisses sont saillies entre 15 et 18 mois.

Les bœufs ne sont qu'exceptionnellement employés au travail. On en compte à peine 3,000 dans la Haute-Marne.

C'est entre 3 et 4 ans qu'on engraisse les bœufs à l'herbage. Ils font une petite partie du contingent d'animaux engraissés dans les vastes prés d'embouche créés depuis peu sur les argiles du lias de la vallée de la Meuse.

Le Charolais fournit un grand nombre d'animaux aux emboucheurs de cet îlot privilégié.

Suivant l'âge, les bœufs pèsent 500 à 700 kilogrammes, avec une augmentation de 10 p. 100 depuis vingt ans.

Le rendement en viande nette des bœufs croisés bernois, fribourgeois et montbéliards est de 55 à 57 p. 100, alors qu'il n'est que de 52 à 53 p. 100 pour les croisements schwitz, normands, hollandais, et de 50 p. 100 pour les bêtes communes de pays.

Le produit moyen annuel en lait des vaches, pour 8 mois de lactation, est porté à

1,600 litres pour les bêtes de pays, à 2,600 pour celles améliorées par le schwitz et de 2,300 pour celles améliorées par les reproducteurs de type jurassique.

Dans le nord-est de la Côte-d'Or, c'est-à-dire l'arrondissement de Châtillon-sur-Seine, les choses se sont passées à peu près de même que dans la Haute-Marne. Toutefois, il s'est formé comme deux courants d'opinions, nous écrit M. Faasse : « Alors que, dans la partie de l'arrondissement qui avoisine l'Aube et aussi dans le canton de Châtillon, c'est encore le schwitz qui est en faveur et peuple presque exclusivement les étables soit à l'état de pureté, soit à l'état de croisement, dans la partie sud et sud-est, c'est au contraire le type fribourgeois qui semble avoir la préférence. » Cela tiendrait (fait en contradiction avec ce qui existe dans la Haute-Marne) à ce que la boucherie de Troyes, principal débouché des animaux gras, s'est prononcée en faveur de la viande de schwitz.

Les bœufs de cette contrée, au climat très froid en hiver et très chaud en été, sont très robustes et très résistants, supportent très bien le rude travail du débardage des bois en pays très accidenté.

On ne les soumet au joug qu'après 30 mois. Leur développement est complet vers 6 ans.

Le poids vif des bœufs engraissés l'hiver à l'étable est en moyenne de 700 kilogrammes pour ceux de type schwitz et de 850 à 900 kilogrammes pour ceux de type fribourgeois.

RACE FÉMELINE.

La race fémeline, à la fois travailleuse et laitière, qui occupait autrefois un important territoire composé du département de la Haute-Saône avec extension sur le sud des Vosges et de la Haute-Marne, l'est de la Côte d'Or et la plus grande partie du Jura, avait déjà perdu beaucoup de terrain à l'époque où Baudement avait tracé l'aire de son habitat.

« Alors, encore, dit notre correspondant, M. Fournier, professeur spécial d'agriculture, elle remontait, sur la rive droite de la Saône, les vallées de la Monée, de l'Ougeotte, de la Gourgeonne, du Vannon, du Salon, jusqu'à la limite de la Haute-Marne et de la Côte-d'Or; sur la rive gauche, les vallées de la Superbe, de la Lanterne, du Breuchin, de la Colombine, du Durgeon, de la Romaine et de la Morthe. Elle était sensiblement limitée à l'est par l'Oignon et descendait même, vers le sud, jusqu'aux bords du Doubs, dans le Jura.

« Aujourd'hui, la partie comprise à l'ouest d'une ligne qui irait de Plombières à Pesmes délimiterait la zone occupée par la race fémeline, restriction faite du nord des cantons de Vauvillers et Saint-Loup-sur-Semouse, où les animaux sont les mêmes que ceux qui peuplent les Vosges. Encore cette délimitation indique-t-elle plutôt la région où on peut encore rencontrer le plus d'animaux fémelins et c'est dans ce sens seulement qu'il faut l'interpréter, car, indépendamment de croisements multiples avec les races voisines, il s'est implanté de nombreux représentants de races étrangères disséminés par petits îlots un peu partout.

« Si l'on veut trouver quelques animaux de race pure ou à peu près, il faut les chercher dans les cantons de Combeau-Fontaine et de Jussey et le nord de celui de Dompierre-sur-Salon. »

. Et M. Fournier, après avoir constaté que bon nombre d'animaux ayant la robe du fémelin sont en réalité des croisements, ajoute : « Il ne serait peut-être pas possible de réunir plus de 2,000 à 3,000 sujets purs de la race fémeline ».

C'est à partir de 1870, alors que la population bovine de la Haute-Saône fut très diminuée par l'épidémie de typhus, qu'on s'est porté vers l'introduction de reproducteurs de races à plus grand développement et à plus grande précocité.

Cependant on avait fait de grands efforts à la fois pour maintenir et améliorer la race, avant la guerre. Le département avait dépensé plus de 30,000 francs de 1862 à 1869 en achats de taureaux et en primes de conservation pour la seule race fémeline. Mais, à partir de 1872, les partisans du sang durham parvinrent à obtenir qu'une partie des crédits départementaux fût affectée à l'achat de reproducteurs de cette race et à des primes pour les durham-fémelins. Puis, en 1883, un règlement préfectoral admit que les achats de taureaux et les attributions de primes seraient faits *en dehors de toute considération de races*. Dans ces conditions, il était accordé un délai d'un an aux communes pour se pourvoir de taureaux autorisés.

Alors se manifesta surtout la tendance à recourir à des reproducteurs de races laitières, tendance si accentuée que, dans sa réunion de 1896, le Conseil général, en portant le crédit annuel de 9,000 à 12,000 francs, le destinait à l'achat de reproducteurs de races suisses ou de Montbéliard.

Cependant quelques tentatives ont été faites en vue de la reconstitution de la race fémeline. On a même tenté, mais sans succès, de créer un livre généalogique. L'Administration de l'Agriculture a également compris cette race dans ses concours spéciaux. Les quatre qui ont eu lieu n'ont pu réunir qu'un petit nombre de sujets. Un éleveur émérite de fémelins, parlant d'un de ces concours qui ne comprenait que 119 animaux, disait : « Les sujets de race pure étaient peu nombreux dans les sections de taureaux : dans un concours spécial à la race fémeline dominaient les types charolais, limousins, quelquefois croisés de durham. Sur 44 vaches, il n'y avait guère que 6 vaches fémelines ».

Il est bien à croire qu'on ne remontera pas le courant établi, qui correspond aux tendances du commerce de bestiaux. Il a délaissé les bœufs fémelins exportés, avant 1870, au nombre d'une dizaine de mille par an.

D'un relevé des existences d'animaux des diverses races de la Haute-Saône, fait par M. Jules Tardy, il résulte qu'il y aurait :

Taureaux	Fémelins...... 187		Génisses	Fémelines..... 7,500
	Montbéliards... 357			Montbéliardes.. 6,400
	Vosgiens...... 40			Vosgiennes.... 1,000
	Croisés....... 210			Croisées....... 11,400
Vaches	Fémelines.... 18,055		Bouvillons	Fémelins...... 7,700
	Montbéliardes.. 14,455			Montbéliards... 6,800
	Vosgiennes.... 4,000			Vosgiens...... 1,400
	Croisées...... 25,900			Croisés........ 11,500

Donnons, cependant, la description de cette race telle que la fait M. Fournier.

La tête est généralement un peu longue relativement au corps ; le front est plat et large, ainsi que le nez ; le chignon peu élevé, presque au niveau des cornes ; les oreilles très développées et minces ; les orbites saillantes.

Les cornes s'implantent sur les chevilles osseuses, d'abord verticalement, puis se dirigent en avant dans la seconde moitié de leur longueur, pour se relever très légè-

rement à leur pointe. Leur section est parfaitement circulaire à la base, de faible dia-
mètre. Elles sont toujours blanches.

La taille des animaux faits varie entre 1 m. 37 et 1 m. 42 pour les taureaux et
entre 1 m. 28 et 1 m. 32 pour les vaches.

La robe est blonde ou jaune clair, sans taches. Les paupières, le mufle, la vulve,
l'anus sont rosés, sans traces pigmentaires.

Le train antérieur est plus développé que le postérieur (l'expression *Tourache* en
langage de Franche-Comté rappelle cette particularité); les épaules sont écartées, les
membres grêles, le cou court, le fanon peu développé, la poitrine ample, les hanchés
relativement peu larges, la queue mieux attachée que celle du montbéliard, le profil
des cuisses à courbe bien accentuée; mais celles-ci sont plaquées sur les côtés.

La peau est mince, souple, bien détachée.

La physionomie est douce, donnant aux animaux une apparence efféminée.

L'aptitude dominante est celle de la production du lait, qui atteint moyennement
1,800 litres pour une durée de lactation de 7 à 8 mois. Ce lait est assez butyreux;
il en faut environ 25 litres pour obtenir 1 kilogramme de beurre par ascension naturelle de la crème.

Dans le département de la Haute-Saône, auquel la statistique de 1892 affecte
19,000 bœufs de travail, ceux-ci ne sont pas élevés exclusivement dans ce but; leur
rôle est spécialement de seconder les chevaux dans les travaux des champs, surtout
pour les labours. Dans ce cas, on les attelle au collier, tandis que, pour les charrois,
ils tirent au joug. On commence à les dresser à 18 mois. Les animaux fémelins sont
très sensibles au froid, moins à la chaleur, mais redoutent beaucoup les attaques des
mouches à cause de la finesse de leur peau.

C'est à l'âge de 4 ans que les bœufs atteignent leur complet développement avec une
taille de 1 m. 45 à 1 m. 48. C'est à cet âge qu'on les vendait autrefois pour être
engraissés dans d'autres contrées : maintenant ils le sont sur place, soit au pré, soit
à l'étable. Le peu de travail exigé de ces bœufs, émasculés veaux par ablation, les met
dans de bonnes conditions pour prendre la graisse et ils sont rapidement livrables à
la boucherie. Le poids vif des bœufs fémelins est de 550 à 600 kilogrammes, avec
un rendement en viande nette de 54 p. 100 et un poids de cuir de 35 à 40 kilogrammes. Le poids vif des vaches grasses de réforme est moyennement de 450 kilogrammes.

Par suite des croisements, le poids moyen des bœufs gras de cette contrée atteint
600 kilogrammes.

La Suisse assure actuellement un débouché considérable pour les animaux
gras.

Dans la partie de la Côte-d'Or ayant Dijon pour centre et comprenant, en outre des
trois cantons de Dijon, ceux de Fontaine-Française, Selongey, Is-sur-Tille, Saint-
Pierre-l'Abbaye, Gevrey-Chambertin, Genlis, Saint-Jean-de-Losne, Auxonne, Pon-
tailler et Mirebeau, le fond de la population bovine était également d'origine fémeline.
Elle a été profondément modifiée par les croisements, mais moins que dans l'est de
la Haute-Saône et surtout avec moins de méthode. On y appelle *bêtes de pays* toutes
celles qui ne sont pas pie-noir ou pie-rouge, par suite de l'introduction du sang fribourgeois ou montbéliard. Les animaux de couleur sont de plus en plus nombreux,
parce qu'on apprécie leurs aptitudes laitières et de boucherie et aussi parce qu'ils

acceptent mieux que le charolais la vie en stabulation ; car ce n'est que dans des pâturages relativement peu étendus, tels que ceux de la vallée de l'Ouche, qu'on peut faire
l'élevage dehors.

Dans cette contrée, où l'engraissement des bœufs ayant travaillé jusqu'à 6 ans se fait
un peu à l'embouche, mais surtout à l'étable, du fait des croisements et aussi d'une
meilleure qualité de fourrages, leur poids vif s'est sensiblement élevé et le rendement
en viande nette a augmenté de 5 à 7 p. 100.

Les vaches croisées donnent de 2,200 à 2,300 litres de lait d'un vêlage à l'autre ;
il faut de 28 à 30 litres de ce lait pour produire 1 kilogramme de beurre par ascension naturelle de la crème.

Dans le Jura, la race fémeline a tenu une place importante, à côté de la comtoise
et de la bressanne. Mais il y a eu de tels croisements entre ces races et aussi avec les
reproducteurs fribourgeois et montbéliards qu'elle a été, en grande partie, absorbée.

Les croisements où domine le sang fémelin occupent la région formée par l'arrondissement de Dôle (moins les cantons de Gendrey et Dampierre), par celui de Poligny,
jusqu'à Arbois et Champagnole, par une partie de celui de Lons-le-Saunier jusqu'aux
environs de Saint-Laurent à l'est, de Beaufort, d'Orgelet et de Moirans au sud.

C'est surtout dans l'arrondissement de Dôle et de Poligny qu'on trouve ces animaux
à robe jaune froment clair, dont l'aptitude à l'engraissement est assez développée,
mais qui sont médiocres pour la production du lait.

La race comtoise est en voie d'extension dans toute cette contrée ; on la trouve partout disséminée chez les meilleurs éleveurs, notamment dans les vallées de la Loue et
du Doubs, ainsi que dans les pays vignobles, où elle tend de plus en plus à remplacer
la race fémeline.

La transformation du bétail, hâtée par les acquisitions de taureaux fribourgeois
et montbéliards faites par les associations agricoles, se complètera quand on aura
augmenté partout et aussi amélioré la production fourragère par les phosphates, car
on remarque que les animaux comtois importés sur le premier plateau et dans la
plaine donnent des produits dont la taille diminue et qui perdent une partie de leurs
qualités. Il y aura lieu aussi d'améliorer les procédés d'élevage : par exemple de ne
plus sevrer de lait les veaux à 1 mois ou 6 semaines ; de ne pas entretenir un nombre
d'animaux trop considérable pour la proportion des fourrages disponibles ; de supprimer
la castration par martelage ; de dresser les animaux au joug moins jeunes.

Les bœufs gras de croisement fémelin ne dépassent guère 600 kilogrammes en
poids vif et les vaches 450 kilogrammes. Le rendement moyen en viande nette est de
52 à 56 pour les premiers et de 45 à 47 pour les secondes.

RACE DE MONTBÉLIARD.

A côté du centre d'élevage de plus en plus restreint de la race fémeline, dans une
contrée où elle a eu un rôle assez important comme race amélioratrice il y a une soixantaine d'années, et où les associations agricoles se sont efforcées de le lui faire jouer
à nouveau, mais sans succès, vers 1872, a été créé, depuis peu d'années, un type
d'animaux qui s'est rapidement affirmé comme améliorateur de la population bovine
si bigarrée, si irrégulière de la région de l'Est.

Ce type est celui auquel on est convenu de donner le nom de race de Montbéliard.

Elle a été officiellement cataloguée pour la première fois à l'Exposition universelle de 1889.

Ce nom était, il est vrai, donné antérieurement par les sucriers du Nord aux bœufs tachetés rouges et blancs qu'ils faisaient venir des environs de Montbéliard et Rougemont pour exécuter leurs charrois d'automne et consommer les résidus de fabrication.

Dans la contrée comprenant la partie basse de l'arrondissement de Montbéliard et la partie de celui de Baume comprise entre la rivière du Doubs et la Haute-Saône, on n'élevait que très rarement des taureaux et on allait, de temps immémorial, chercher des reproducteurs en Suisse, dans les environs de Sainte-Ursanne, aux Franches-Montagnes et aux foires de Saint-Légier. Un certain nombre de fruitiers allaient même jusqu'en Gruyère, leur pays d'origine, pour en ramener des taureaux bien conformés et de robe pie-rouge bien caractérisée, le plus possible indemnes de taches noires.

Ces importations constantes finirent par produire une assez grande homogénéité dans la robe du bétail de cette contrée, en même temps qu'une très sensible amélioration des formes et des qualités laitières des vaches.

C'est alors que les associations agricoles et spécialement les comices agricoles de Montbéliard et de Sainte-Hyppolite surent comprendre quel parti il était possible de tirer des excellents éléments dont on disposait pour fixer le type par une sélection bien comprise et en développer l'élevage.

Soutenus et encouragés par M. Viette, ancien ministre de l'agriculture, largement subventionnés par l'assemblée départementale, parfaitement conseillés par M. Vassilière, alors inspecteur général de la région de l'Est, ces sociétés marchèrent dans cette voie avec beaucoup de méthode et d'esprit de suite, affectant toutes les ressources disponibles à des concours et à la création d'un livre généalogique.

On se mit alors à élever des taureaux dont la réputation s'établit avec une extraordinaire rapidité. Les prix élevés auxquels ils étaient vendus, non seulement dans la contrée même, mais encore pour les départements voisins, donnèrent un grand élan à cet élevage.

Il s'étendit successivement au sud-est de la Haute-Saône et au territoire de Belfort, qui se trouvaient dans des conditions analogues, comme population bovine, à celles de la région de Montbéliard et de Baume.

Dans la Haute-Saône, les éleveurs des cantons de Montbozon, Villersexel, Lure, Héricourt et Champagney, de même que ceux du Haut-Rhin français, rivalisent avec ceux du Doubs pour la production des bons animaux mâles et femelles du type Montbéliard.

Dans toute cette contrée, les prairies sont parfaitement traitées et, de plus, les cultures très soignées assurent une grande abondance de fourrages excellents pour toutes les saisons de l'année.

Cependant la faveur acquise par la race montbéliarde dans la région de l'Est est telle et les achats annuels de reproducteurs par les particuliers et par les sociétés agricoles des Vosges, de la Haute-Marne, de Meurthe-et-Moselle, de la Côte-d'Or, de l'Ain, du Jura, sont si importants que la demande dépasse encore la production.

Au commencement de 1900, en effet, on n'estimait pas encore à plus de deux cents le nombre des taureaux de Montbéliard bien caractérisés existant dans la contrée où se fait le meilleur élevage de la race.

Voici les caractères particuliers du type montbéliard déterminés par la commission d'organisation du Herd-book :

Tête un peu longue, bien attachée, c'est-à-dire pas noyée dans l'encolure; regard doux; cornes, chez les femelles, bien placées, se dirigeant en dehors pour se ramener par une courbe gracieuse en avant; leurs extrémités sont fines; assez souvent elles sont plates et alors elles sont plus longues et plus horizontales. Les cornes sont blanches sur toute leur longueur, jamais noires aux extrémités. Pas de taches noires sur le mufle, les lèvres ou la langue. Cou mince, effilé. Peu de fanon sous la tête; il s'arrête à l'entrée de la poitrine. Celle-ci est ronde, un peu sanglée en arrière des épaules, proéminente en avant. Épaules assez rapprochées au garrot. Dos long, droit, large aux reins; origine de la queue proéminente; fesses et cuisses droites; flancs moyens; jarrets droits; avant-bras et extrémité des membres fins; bons pieds avec corne dure; ossature fine par rapport aux races suisses; peau assez épaisse mais souple. Robe rouge et blanche et non jaune et blanche. Le rouge est franc comme teinte, par plaques plus ou moins grandes; pas de poils noirs, de taches brunes, ni de bringe.

Train postérieur un peu plus élevé que l'antérieur. Caractères laitiers bien prononcés; écussons francs; mamelles à peau souple, bien placées et bien séparées.

Les facultés laitières des vaches de la race de Montbéliard bien caractérisées sont très satisfaisantes.

Dans les localités pourvues d'industries laitières commerciales, les statistiques permettent d'établir que la livraison moyenne par vache, d'un vêlage à l'autre, atteint 2,000 litres, auxquels il faut en ajouter 400 absorbés par le veau. Par l'écrémage centrifuge, on obtient 1 kilogramme de beurre avec 24 litres de lait.

Il serait difficile d'établir, même très approximativement, par combien d'animaux le type montbéliard se trouve actuellement représenté. A en croire une statistique établie par M. Tardy, le seul département de la Haute-Saône en posséderait de 28,000 à 30,000. Peut-on porter au double de ce chiffre les existences du groupe du Doubs et du Haut-Rhin français?

Quoiqu'il en soit, étant donnée l'impulsion imprimée à l'élevage de cette nouvelle race dans l'Est, on peut prévoir qu'elle est destinée à s'y multiplier avec une très grande rapidité.

Les vaches laitières de Montbéliard sont maintenant très appréciées par les laitiers-nourrisseurs des grandes villes du Midi.

RACE COMTOISE.

Notre correspondant, M. Lombardot, secrétaire du Comice agricole du Vercel (Doubs), qui paraît être, avec le canton de Pierre-Fontaine, le centre de la contrée où les Comtois sont représentés par le plus grand nombre d'animaux offrant les types les mieux caractérisés, les décrit ainsi qu'il suit :

Tête longue et étroite à naseaux bien ouverts, avec les yeux rapprochés des cornes; celles-ci assez développées, un peu aplaties, courbées en avant, ayant souvent l'extrémité relevée; blanches, quelquefois avec la pointe noire. Taille moyenne de 1 m. 50.

Robe dite *ramelée*, pie allant du rouge clair à l'alezan et au châtain clair, à poils luisants et doux. Mufle, tour des yeux et ouvertures naturelles le plus souvent rosés, parfois teintés de noir sans délimitation nette.

Tronc long et passablement développé dans tous les sens; poitrine parfois trop étroite; dos souvent un peu ensellé; membres courts; cuir assez souple, mais fréquemment trop épais.

Aptitudes laitières moyennes (environ 1,500 litres d'un vêlage à l'autre) et aptitudes beurrières médiocres (28 à 30 litres de lait pour 1 kilogramme de beurre). Les bœufs comtois sont un peu mous au travail, mais résistent bien au froid, à la chaleur et aux mouches. Ils atteignent leur complet développement à 6 ans et prennent bien la graisse. Leur poids vif moyen à l'abattoir est de 700 à 750 kilogrammes, avec un rendement en boucherie de 55 p. 100 et un poids de cuir de 50 kilogrammes. Les vaches grasses de réforme pèsent sur pied de 500 à 550 kilogrammes et donnent 45 à 48 p. 100 de viande nette.

De plus en plus les types d'animaux de la race dite comtoise, qui ne paraît pas avoir jamais eu de fixité réelle, ainsi que l'indiquent l'irrégularité de coloration des parties du corps dépourvues de poils et la diversité des robes, se modifie par le fait d'importations de nombreux reproducteurs venant de la Suisse ou des environs de Montbéliard.

Mais si le sang schwitz a joué autrefois un certain rôle dans cette transformation, on y a complètement renoncé pour n'avoir plus recours qu'aux reproducteurs fribourgeois, simmenthal ou montbéliard. C'est dans cette voie que le Comice de Vercel lui-même dirige les éleveurs. Aussi ne voit-on plus guère que des animaux pie-rouge clair.

Les comtois, plus ou moins en voie de transformation, occupent au sud de Besançon, dans les départements du Doubs, du Jura et de l'Ain, la région située entre la frontière suisse, prolongée par le cours du Rhône jusqu'au confluent de l'Ain, et le cours de cette rivière.

Cette transformation est surtout très accentuée dans toute la partie constituée par les montagnes et les hauts plateaux de l'arête jurassique voisine de la Suisse, où d'excellents pâturages se prêtent admirablement à l'élevage. Le choix des taureaux, dont beaucoup, spécialement dans l'arrondissement de Pontarlier, sont de race simmenthal, y est depuis de longues années l'objet des soins des éleveurs. Les résultats obtenus, très importants au point de vue des formes et aussi de l'uniformité dans le pelage, qui varie du rouge vif général, avec ventre blanc, au pie froment, le seraient encore plus si les animaux richement nourris durant l'été ne pâtissaient pas trop en hiver. Dans l'arrondissement de Saint-Claude, les animaux pie noir sont encore très nombreux.

La transformation, plus lente dans l'ouest de la région occupée par les comtois, est cependant nettement commencée et, pour l'obtenir, on paraît surtout avoir recours aux reproducteurs de Montbéliard, tandis que dans le sud (arrondissement de Belley) la race tarine jouit d'une certaine faveur.

Le développement toujours croissant des fromageries et des beurreries est cause que l'espèce bovine est de plus en plus exploitée en vue de la production laitière; il en résulte que, si, dans la contrée des pâturages, on règle les naissances des veaux pour le commencement du printemps, ailleurs on cherche à les espacer en vue de l'approvisionnement régulier de ces industries. Pour la même cause les élèves sont sevrés très jeunes.

Les génisses sont saillies vers 15 à 18 mois.

Les taureaux sont rarement conservés au delà de 3 ans. Sauf en montagne, ils sont maintenus à l'étable et tenus en main pour la saillie.

Un grand nombre de communes de la plaine et de la demi-montagne accordent aux détenteurs de taureaux certains avantages qui représentent une subvention de 100 à 200 francs.

La castration des mâles se fait vers 3 à 4 mois dans la plaine, et, en montagne, à 6 semaines pour les veaux d'hiver et à 6 mois pour ceux de printemps et d'été.

Dans la plaine, les bœufs sont assez souvent engraissés par les cultivateurs qui les ont utilisés pour le travail. Ceux des plateaux sont le plus souvent achetés par les propriétaires de la montagne pour être engraissés au pâturage ou même à l'étable.

Sauf en montagne, où le cas est assez fréquent, on n'engraisse pas de bœufs jeunes. Ceux-ci arrivent assez facilement au poids vif de 600 kilogrammes.

Partout ailleurs qu'en montagne la stabulation est de règle, même l'été.

Dans les contrées à pâturages, les animaux y sont introduits à partir du 10 mai et n'en bougent plus jusqu'en octobre. Des loges leur permettent de s'abriter contre les intempéries.

Autrefois, les hauts pâturages étaient surtout utilisés par des troupeaux suisses; mais les entraves apportées à la circulation internationale en raison des maladies contagieuses ont amené à organiser des troupeaux français de transhumance.

Les tenanciers d'alpages reçoivent de 15 à 30 francs de pension pour les élèves et les vaches délaitées et payent, au contraire, pour celles qui sont en lait, une redevance qui est fixée d'après vérification de la traite faite à deux reprises durant la saison et qui atteint 30 francs en moyenne.

RENDEMENT D'UN BOEUF COMTOIS, ÂGÉ DE 6 ANS,
PRIMÉ DANS UN CONCOURS GÉNÉRAL D'ANIMAUX GRAS.

Taille.	1ᵐ 55	Proportion p. 100 du cuir		
Poids vif.	980ᵏ	au poids vif	7.14 p. 100	
Poids des quatre quartiers.	595ᵏ	Pieds et patins.	13ᵏ	
Proportion des quatre quartiers au poids vif..	60.71 p. 100	Canard.	5	
		Poumons et cœur.	11	
Poids du suif.	108ᵏ	Foie et rate.	10	
Proportion du suif au poids vif.	11ᵏ p. 100	Langue.	5	
		Sang	31	
Poids du cuir.	70ᵏ	Intestins et déchets.	132	

RACE BRESSANE.

Nous voici de nouveau en présence d'une race qui paraît appelée, dans un avenir assez rapproché, à être absorbée par croisements ou remplacée par d'autres races. Notre correspondant, M. George, professeur spécial d'agriculture à Louhans, définit comme il suit la race bressane :

« La tête est forte, au front large et peu déprimé dans sa partie centrale; le chignon est saillant dans toute sa largeur; les arcades sourcilières sont peu saillies; les susnaseaux sont droits, larges, en voûte surbaissée. En raison de sa largeur frontale, la tête semble courte; son profil est rectiligne. Les cornes, complètement blanches, sont de moyenne longueur, à section circulaire, fortes à la base et se détachant de la tête presque perpendiculairement au plan médian, ou légèrement inclinées en arrière. Leur direction, d'abord horizontale, s'incurve en avant, puis se relève verticalement.

«Les naseaux largement ouverts donnent au mufle une assez grande largeur, qui paraît encore plus grande en raison de la brièveté de la tête.

«La taille moyenne du bétail bressan est faible; chez les vaches elle dépasse rarement 1 m. 30 et descend souvent à 1 m. 15. Les bœufs de 5 à 6 ans atteignent 1 m. 45 à 1 m. 48.

«La robe est uniformément froment clair, à teinte d'autant plus dégradée qu'on s'approche davantage de la Saône, où elle devient jaune café au lait.

«Le mufle et les ouvertures naturelles sont rosés, sans trace de pigment.

«Quant aux formes, la race bressane laisse beaucoup à désirer. Le corps manque d'ampleur, l'encolure est grêle, ce qui fait paraître la tête lourde; la poitrine étroite, le garrot tranchant, les épaules décharnées, la côte plate, le flanc creux, les hanches et la pointe des fesses saillantes, la croupe mal musclée, la queue attachée haut, les cuisses longues et plates. Le fanon développé s'étend souvent outre mesure sous la gorge et la poitrine. Le cuir, d'épaisseur moyenne, est relativement souple.

«A côté de ces défauts, cette race a l'avantage d'être douée d'une grande résistance et de supporter de mauvaises conditions d'alimentation et d'habitation.

«Les bœufs de travail, castrés tardivement, surpassent les charolais tant par leur force musculaire, proportionnellement à leur poids, que par leur vitesse d'allure.

«Les vaches sont bonnes travailleuses, tout en étant laitières passables, souvent bonnes; les bœufs s'engraissent facilement à l'étable après avoir fourni une forte somme de travail jusqu'à l'âge de 6 à 7 ans.»

Autrefois cette race occupait toute la contrée qui s'étend entre la Saône (y compris les deux côtés de la vallée de cette rivière), de Lyon à la limite nord de Saône-et-Loire, et la rive droite de l'Ain, avec prolongement en Côte-d'Or dans les cantons de Nolay, Beaune, Nuits et Seurre et dans le Doubs jusqu'aux environs d'Arbois. Un autre prolongement s'étendait au sud de Lyon, de chaque côté du Rhône, jusqu'au delà de Vienne.

Actuellement, dans les immenses prairies qui couvrent la vallée proprement dite de la Saône, on ne trouve plus qu'un mélange incohérent non seulement de toutes les races de l'Est, mais de presque toutes les races laitières. Les vaches vivent à l'étable pendant l'hiver et le printemps, jusqu'après la rentrée des foins; alors elles sont réunies en troupeaux communaux et vivent jusqu'aux froids dans ces prairies qui sont toutes soumises au régime de la vaine pâture.

Dans la partie de la Côte-d'Or qui a Beaune pour centre, ce sont les croisements avec la race fribourgeoise qui ont prévalu.

Nous avons vu que les croisements fémelins dominent dans le centre du département du Jura, en mélange avec les comtois. Dans le Louhanais, si les cantons de Saint-Martin-en-Bresse, Saint-Germain-du-Plain et Verdun ont un bétail exclusivement bressan, de faible développement en raison de la pauvreté de leur sol en calcaire, la partie avoisinant le Jura, à côté d'animaux améliorés de cette race, a eu recours à des croisements avec le charolais, le montbéliard, le fribourgeois et même le durham, et il en est de même dans la contrée sud-ouest du Jura.

Dans l'Ain, le charolais et ses croisements se trouvent au nord de Pont-de-Vaux et Saint-Trivier-de-Courtes; il s'introduit quelque peu au sud-est de Mâcon et à l'est de

Trévoux, de même que dans l'arrondissement de Villefranche (Rhône); tandis qu'au nord, sur les confins de plaine du Jura, on a eu recours au croisement fémelin. Enfin l'approvisionnement en lait de la grande population de Lyon a nécessité l'entretien, dans un vaste rayon, des grandes races laitières tant de l'Est que de la Suisse.

L'habitat de la race bressane se trouve donc réduit dans ce département à une partie des arrondissements de Bourg et de Trévoux; encore y est-elle fréquemment croisée ou en mélange avec d'autres races, spécialement la comtoise, qui constitue la majeure partie de la population bovine du sud-est du Jura, et qui est surtout représentée dans les cantons de Champagne, Hauteville, Seyssel, Lhuis et Virieu. Quant à la partie montagneuse nord-est de ce département, elle est peuplée d'animaux tachetés d'origine suisse (pays de Nantua et de Gex) sous le nom de race de la *Michaille* et de *Gex.*

Nulle part, d'ailleurs, dans le Jura il n'y a de population homogène et il ne semble pas que jamais, sauf dans l'arrondissement de Gex, il y ait eu de programme sérieux en vue de l'amélioration du bétail bovin, car partout on a fait appel tour à tour, ou simultanément, à des types améliorateurs très divers.

«Dans les Dombes et en Bresse, écrit notre correspondant, M. Grandvoinnet, professeur départemental d'agriculture, introduction de fémelins, comtois, charolais, que l'on retrouve en croisement avec la race bressane; dans le Bugey, importations récentes de reproducteurs du type montbéliard; dans les arrondissements de Gex et de Nantua, quelques timides essais de sélection de race tarine, mais surtout de vaches suisses tachetées.» C'est dans ces arrondissements que le bétail est le mieux soigné et on y tend de plus en plus à éliminer les animaux pie noir et pie rouge pour ne conserver que le type simmenthal à pelage tacheté d'un rouge jaunâtre tout particulier.

En somme les tendances sont à l'Ouest vers le charolais, au Centre vers le comtois amélioré par le montbéliard et un peu vers le fémelin, à l'Est vers le simmenthal et le tarentais.

Dans l'Ain, les vaches sont aussi bien employées aux travaux des champs que les bœufs; moins, cependant, dans la montagne. Les animaux de travail d'origine bressane sont très rustiques. Dans les Dombes, ils supportent bien le climat humide et le pâturage dans les marais, à la recherche d'une maigre nourriture.

Le bœuf bressan, de développement tardif, n'est dressé que vers 2 ans et demi et 3 ans. On ne le met à l'engrais qu'à 6 ou 7 ans, et l'engraissement est rarement poussé très loin. Son poids vif moyen est voisin de 700 kilogrammes, alors que ce poids atteint facilement 900 kilogrammes pour les bœufs du pays de Gex que, d'ailleurs, on engraisse encore plus tardivement. (Rendement en boucherie, 50 à 55 p. 100; cuir, 50 à 60 kilogrammes.) Les vaches grasses pèsent de 350 à 400 kilogrammes et font 45 à 50 p. 100 de viande nette.

La vache laitière bressane, le plus souvent soumise au travail, donne de 1,500 à 1,600 litres de lait pour une durée de lactation de 8 à 9 mois, alors que les vaches du pays de Gex en produisent de 2,000 à 2,400.

Le lait est assez riche en crème; il en faut 26 litres environ pour 1 kilogramme de beurre.

Entre ces extrêmes, se trouvent les vaches provenant de croisements faits avec des reproducteurs de races plus laitières que la bressane.

Signalons la décision récente du Comice de Belley de poursuivre l'amélioration de son bétail comtois, qui avait jadis une assez grande homogénéité dans le Valromey et le Bugey, par l'importation de reproducteurs du type montbéliard et, comme conséquence, d'établir un livre généalogique.

RACE CHABLAISIENNE DITE *D'ABONDANCE*.

Les animaux ainsi qualifiés se trouvent dans l'arrondissement de Thonon, mais pas toujours en majorité, car ceux de la race simmenthal, dont ils sortent, y sont aussi largement représentés. La soi-disant race *d'Abondance* ou *chablaisienne* est également assez répandue dans les cantons de Saint-Julien, Annemasse, Reignier, la Roche, Saint-Sevère, Taninges, Samoëns. Il est probable qu'elle arrivera assez prochainement à dominer dans ces cantons. Dans le reste du département de la Haute-Savoie, à part les cantons de Faverges et d'Alby, voisins de la Savoie, et où la race tarine forme le fond des étables, à part aussi le canton de Rumilly peuplé d'animaux de la race villard-de-lans, on ne trouve que des animaux des diverses races suisses et surtout des croisements des comtois et des tarins avec ces races.

On évalue à environ 40,000 les animaux réunissant à peu près les caractères qui sont attribués à la race dite *d'Abondance*, caractères qui ont une grande analogie avec ceux de la race de Montbéliard.

Ces caractères sont minutieusement décrits dans une brochure publiée, en 1895, par la Société d'agriculture de l'arrondissement de Thonon, pour expliquer la fondation d'un livre généalogique :

« *Tête*. — Tête moyenne, crâne brachicéphale, protubérance occipitofrontale d'épaisseur moyenne, chevilles osseuses implantées assez haut; front large, non bombé; arcades orbitaires peu saillantes, orbite de grandeur ordinaire; face de dimensions moyennes, chanfrein droit, se rétrécissant vers les naseaux qui sont largement ouverts; mufle rose non tacheté; gorge bien évidée, fanon souple assez peu développé et mince sous la gorge, yeux pleins et brillants, regard doux, tour des yeux blanc rosé; oreilles moyennes, dirigées en arrière et en haut, minces, garnies de poils longs, surtout à la base du bord antérieur; couleur jaune intérieure; chignon légèrement incurvé en avant, formé de poils non frisés, assez longs, retombant sur le front; cornes légères, à section circulaire à la base un peu arquée en avant et dirigées en haut, à texture fine, d'un jaune rougeâtre, assez souvent verdâtres à la pointe.

« *Corps*. — Corps épais, un peu allongé, non ensellé; encolure bien fournie; dos et bassin très larges; apophyses transverses des vertèbres lombaires très allongées; poitrine ample et profonde, côtes bien arrondies; fesses et cuisses remplies; épaule longue et charnue, garrot bas et large.

« *Membres, peau, pis*. — Membres assez fins; jambes courtes, droites et solides; canons courts; sabots assez petits, de la couleur des cornes; queue plantée haut, descendant jusqu'à la pointe du jarret. Peau souple, molle, ainsi que le fanon; pelage rouge pie plus ou moins foncé; pourtour de la vulve jaune orangé. Écusson développé, avec épis; pis carré allongé; trayons bien pendus, régulièrement écartés, trayons supplémentaires fréquents; peau du pis peu épaisse, souple, bien veinée, couverte de poils fins et doux; veines mammaires très apparentes; portes du lait larges et bien ouvertes.

« En résumé, la bête d'Abondance présente les caractères généraux de la grande

M. de Lapparent.

6

race jurassique, avec des caractères spéciaux qui la différencient des diverses variétés reconnues dans cette race primordiale. »

Il est évident que cette description ne peut s'appliquer dans toutes ses parties qu'aux animaux représentant le type perfectionné des chablaisiens.

En fait, le chablaisien est un croisement assez bien fixé pour que, avec de la méthode et de la persévérance, il soit possible d'obtenir une population homogène dans le nord-est de la Haute-Savoie.

C'est le but qu'a poursuivi la Société d'agriculture de Thonon, aidée par les subventions du département, en créant un livre généalogique et en affectant la plus grande partie de ses ressources à encourager un bon élevage par sélection, après s'être bien convaincue que les vaches chablaisiennes, très bonnes laitières, étaient notablement plus rustiques et moins exigeantes que celles de races suisses, convenant mieux aux localités où les fourrages ne sont pas très abondants et susceptibles, quand elles se trouvent dans un milieu favorable, de gagner en poids sans perdre de leur finesse et de leurs qualités laitières.

Le livre généalogique comprend actuellement près de 2,500 inscriptions, dont 155 de taureaux.

Les bêtes chablaisiennes sont moins massives que les variétés suisses tachetées et, sous ce rapport, paraissent convenir mieux pour les pâturages de montagnes, en même temps qu'elles seraient, en plaine, moins exigeantes et plus rustiques,

Les vaches sont bonnes laitières, dépassant le plus fréquemment 2,500 litres en 7 mois de lactation et atteignant fréquemment 3,000 litres. Il ne faut que 25 ou 26 litres de lait pour produire le kilogramme de beurre.

Les élèves, qui naissent soit au printemps, soit à l'automne, c'est-à-dire avant ou après l'alpage, sont sevrés à 6 mois. Les taureaux ne commencent de saillir qu'à 16 ou 18 mois, et les génisses ne leur sont livrées qu'à 2 ans.

Les bouvillons, castrés à 1 an, sont dressés au joug 6 mois plus tard. Ils font des bœufs de travail résistants et adroits. Les vaches sont rarement employées aux travaux.

C'est entre 4 et 5 ans que les bœufs atteignent leur complet développement. Leur taille atteint alors de 1 m. 30 à 1 m. 35.

On ne les engraisse que vers 5 ou 6 ans, à l'étable.

Le poids des animaux gras a augmenté de 1/5 environ depuis cinquante ans; il atteint souvent et dépasse parfois 900 kilogrammes. Le poids moyen des vaches grasses est de 600 kilogrammes.

Le rendement en viande nette est de 50 à 55 p. 100 pour les bœufs, et de 48 à 50 pour les vaches, avec une augmentation de 2 à 3 p. 100. Le cuir des bœufs est de 50 kilogrammes en moyenne.

C'est vers le 20 juin que les animaux sont conduits aux alpages, où ils restent jusqu'à la fin de septembre; après quoi ils paissent encore un certain temps dans la plaine.

Les propriétaires ou les fermiers d'alpages payent, par vaches en lait qu'on leur confie, 60 à 70 francs de loyer pour celles qui ont vêlé en mars, et de 45 à 50 francs pour celles qui ont mis bas en janvier. Le lait d'un jour, mesuré au milieu de la saison, sert de base et est payé 5 fr. 50 le litre pour toute la durée de l'alpage.

Les alpages les moins bons sont pâturés par des animaux d'élevage ou des vaches taries. C'est alors le propriétaire de l'animal qui donne une redevance de 20 à 30 francs.

Les laitiers nourrisseurs de la région méridionale apprécient, depuis quelques années, les vaches d'Abondance et en font venir un assez grand nombre.

RACE TARINE.

Dans une notice publiée en 1898, sur la race tarine, on en trouve la description suivante, admise, en 1866, par un congrès d'éleveurs tenu à Moutiers et, en 1888, par la commission du Herd-book :

« Le mâle, dans la race de Tarentaise, comme cela arrive dans quelques autres races pures, diffère légèrement. par la couleur du pelage, de la femelle.

« Le taureau tarin a, dans sa jeunesse, une robe gris blaireau passant, avec l'âge, au brun foncé et même noir, à la hauteur de l'épaule; cette teinte foncée se prolonge sur la partie inférieure du corps de l'animal et surtout sur le cou et les joues.

« Chez la femelle, la robe est rarement grise, même dans sa jeunesse, et généralement la vache tarine est fauve ou mieux d'un froment tout particulier, qui n'appartient à aucune autre race.

« A part cette différence dans la teinte de la robe des mâles et des femelles, les autres caractères se trouvent reproduits sur tous les animaux de cette race.

« La race tarine présente, sans exception chez tous les sujets purs, les caractères suivants : le tour des yeux, l'extrémité des cornes, le sabot, la couronne, le bas du fanon, le bas de la queue, etc., sont noirs plus ou moins mêlés de poils gris, pour les parties velues. Le mufle est aussi noir, cerclé de blanc et large.

« Le mâle a l'extrémité des bourses tachée de noir. Chez la femelle, les organes génitaux externes sont noirs, ainsi que très souvent la muqueuse externe de l'œil.

« En général, les animaux de cette race ont la charpente osseuse assez développée, le corps ramassé, les jambes courtes, les jarrets larges et droits, la côte ronde, le ventre assez gros, l'encolure moyenne, le fanon détaché et légèrement descendu, avec des poils raides vers le tiers inférieur, la tête courte, le front large, les oreilles velues, le nez droit; les cornes bien posées, blanchâtres et fines à leur base et noires à l'extrémité, les yeux grands et doux; la peau, dure au toucher, garnie de poils longs et touffus au retour de l'alpage, devient souple après un séjour prolongé dans la plaine.

« Des taches blanches ou brunes, des étoiles au front, des pinceaux de poil blanc dans la queue, ou à l'extrémité de la vulve, sont des caractères de métissage ou de bâtardise. »

En 1897, on résolut d'apporter à cette description les modifications suivantes :

« La robe est de couleur froment, ni trop foncée, ni trop claire chez le mâle, un peu plus claire chez la femelle. Chez le taureau, la teinte devient plus foncée à la hauteur de l'épaule. Cette teinte foncée se prolonge sur la partie inférieure du corps de l'animal et surtout sur le cou et les joues. sans aller jusqu'au noir. »

La robe devient plus pâle après un séjour plus ou moins prolongé dans la plaine.

Ajoutons que la taille des animaux de la race tarine varie entre 1 m. 30 et 1 m. 40, et que leurs défauts naturels, actuellement sensiblement atténués, sont d'avoir le fanon un peu détaché et légèrement descendu, le ventre un peu volumineux et la queue attachée trop haut. Ce dernier défaut constituait jadis une qualité aux yeux des éleveurs, dont certains allaient jusqu'à placer un coussinet de paille sous la queue des jeunes veaux, pendant les quinze premiers jours de leur existence, pour la faire relever.

Le berceau de cette jolie race, à la fois travailleuse et bonne laitière, est l'arrondissement de Moutiers et spécialement le canton de Bourg-Saint-Maurice.

Les parties du département de la Savoie où dans son ensemble elle est à peu près exempte de croisements comprennent, en plus de l'arrondissement de Moutiers, celui d'Albertville, à l'exception des cantons de Beaufort et d'Ugines; celui de Saint-Jean-de-Maurienne, sauf le canton d'Aiguebelle.

Quant à l'arrondissement de Chambéry, si on trouve dans les cantons de Saint-Pierre-d'Albigny, Montmélian et Chambéry un très grand nombre de sujets tarins, ils y sont mélangés à beaucoup de croisements.

Dans la Haute-Savoie, les animaux de race tarine ne forment le fond des étables que dans les deux cantons de Faverges et d'Alby. On les trouve aussi, mais le plus souvent mélangés ou croisés avec les races de Villard-de-Lans et fémeline, dans les cantons de Rumilly, Seyssel, Frangy, Annecy, Thorens.

Dans l'Isère, les tarins constituent la majeure partie de la population bovine des cantons de la Mure, Corps et Valbonnais, où existe une société d'élevage de cette race.

Sans tenir compte des animaux tarins que l'on trouve en petit nombre, d'ailleurs, dans les Hautes-Alpes et dans le sud-est du département de l'Ain, ni de ceux qui sont exportés annuellement dans le Midi pour la production du lait nécessaire à l'alimentation des grandes villes, on peut évaluer le nombre des animaux de race pure à 70,000 ou 75,000, en augmentation sensible depuis vingt-cinq ans, par suite de la faveur dont ils sont l'objet en dehors de leur centre d'élevage. En effet, la vache tarine, très rustique, s'accommode bien d'une alimentation et de climats très différents sans que ses aptitudes laitières soient trop diminuées par des conditions médiocres d'existence. Les laitiers nourrisseurs de la région méditerranéenne en tirent très bon parti et elle donne de bons résultats, même en Algérie, alors que son élevage peut se maintenir dans les hautes altitudes de l'Ardèche, de la Lozère, de la Montagne-Noire, des Pyrénées, des Hautes-Alpes, à condition qu'on y importe fréquemment des taureaux d'origine.

Il s'en suit que l'exportation d'animaux tarins est considérable et qu'à certaines foires de la Tarentaise on en expédie jusqu'à 150 wagons.

Les mieux fournies sont celles de Moutiers (1er lundi après l'Ascension, 25 juin et 12 septembre); Albertville (2e jeudi de mai, 1er jeudi après le 15 juin, et 27 septembre); Saint-Jean-de-Maurienne (21 juin, 1er lundi d'août, 14 septembre); Bourg-Saint-Maurice (10 août, 10 septembre, 27 septembre, 1er lundi après la Saint-Michel); Aime (1er lundi d'octobre).

Il y avait donc un grand intérêt, non seulement à développer l'élevage des animaux de la race tarine, mais encore à lui maintenir ses caractères et à la perfectionner par la sélection.

L'État y contribue par des concours spéciaux et par des subventions aux sociétés agricoles auxquelles le département de la Savoie en alloue également d'importantes dans ce but. D'autre part, un livre généalogique a été créé en 1889. Le conseil général en aide le fonctionnement par une allocation annuelle de 1,400 francs.

Son règlement est peu différent de celui de la race normande qui a servi de modèle à tous les autres livres généalogiques. Son 7ᵉ bulletin, paru en 1901, porte le nombre des animaux inscrits jusqu'à ce jour à près de 3,300.

Enfin, un grand nombre de communes votent des sommes plus ou moins importantes pour subventionner des taureaux communaux.

Les résultats de cet ensemble d'efforts ont été très satisfaisants et l'amélioration de la race est très sensible.

Sur divers points de la Tarentaise, par suite d'une alimentation plus substantielle dans le jeune âge, les animaux ont gagné d'une façon notable sous le rapport de la taille.

Le rendement annuel moyen en lait des vaches tarines est de 1,800 à 1,900 litres en 8 mois ou 8 mois 1/2 de lactation. Elles sont faciles à traire.

Pour obtenir 1 kilogramme de beurre il faut 25 litres de lait, quand elles sont nourries à l'étable avec des foins de plaine. Dans les alpages, 20 litres suffisent.

Dans les parties de la Savoie où existent ces alpages, on fait naître le plus possible les veaux d'octobre à mai.

Dans les contrées autres que la Tarentaise et la Maurienne, les bouvillons, châtrés dans les premiers temps de leur existence et sevrés à 3 ou 4 mois, et les génisses, sevrées un mois plus tôt, sont vendus à des éleveurs de la montagne à l'âge de 6 mois et sont élevés par eux jusqu'à 2 ans et 2 ans et demi.

En Tarentaise et en Maurienne, les génisses non destinées aux remplacements dans les étables sont vendues soit à 8 mois, soit à 2 ans. C'est à ce dernier âge qu'on les fait saillir.

Les taureaux commencent à saillir à 12 ou 14 mois et sont conservés jusqu'à 3 ans, rarement jusqu'à 4 ans. Ils sont maintenus en stabulation et il n'y a que ceux qui accompagnent les troupeaux dans les alpages qui fassent la saillie en liberté.

Les jeunes bœufs sont dressés au joug à 2 ou 3 ans. C'est à 5 ans qu'ils atteignent leur complet développement. Très robustes et résistant bien aux variations de température et aux piqûres des mouches, ils ont une allure assez rapide.

Dans les vallées inférieures, les vaches sont très fréquemment employées au travail par les petits cultivateurs.

L'engraissement des bœufs, vers l'âge de 6 à 7 ans, est commencé au pâturage et terminé par la pouture. Dans les alpages, il se fait complètement à l'herbe en 3 mois, avec addition d'un peu d'avoine et de sel. Ce sont, en général, les plus petits bœufs qu'on engraisse dans les alpages. Ils sont livrés au poids de 450 à 500 kilogrammes. Les bœufs de pouture pèsent jusqu'à 700 kilogrammes. Le poids vif des vaches grasses de réforme varie entre 350 et 450 kilogrammes.

D'une manière générale, il y a une augmentation moyenne de 20 p. 100 dans la dernière moitié du siècle.

Le rendement en viande nette est de 56 à 58 p. 100 pour les bœufs (cuir 40 à 45 kilogrammes) et de 50 p. 100 pour les vaches (cuir 30 kilogrammes). On estime à 5 p. 100 l'augmentation du rendement.

M. Sanson a reproché à la viande des tarentais d'être grossière et peu savoureuse. Il y a dans cette appréciation beaucoup d'exagération.

En plaine, la stabulation dure de décembre au 20 juin. A cette date, les animaux, à l'exception de ceux nécessaires pour le travail et la production du lait d'alimentation, montent aux alpages; ils restent quatre mois dans les plus élevés et autant dans la zone moyenne.

Dans la majorité des montagnes, ils couchent parqués en plein air et sont mis au parc de midi à 3 heures. Chaque animal est attaché à un piquet qu'on déplace tous les deux ou trois jours, afin de répartir l'engrais successivement sur les divers points du pâturage.

Des montagnes communales spéciales sont affectées aux jeunes bœufs et aux génisses qui y vivent en liberté, les propriétaires n'ayant qu'à payer une légère redevance de 5 à 6 francs pour frais de gardiennage.

Les troupeaux sont de 100 à 120 bêtes, sauf dans la partie supérieure de Saint-Jean-de-Maurienne où ils ne sont que de 20 à 30 vaches, auxquelles on joint un troupeau de brebis, dont le lait mélangé à celui des vaches sert à fabriquer le fromage dit *de Mont-Cenis*.

Les alpages sont exploités par leurs propriétaires ou des fermiers qui, en plus de leurs propres animaux, prennent des vaches laitières en location. Le prix, pour trois mois, varie entre 10 et 25 francs et est déterminé par le pesage de la traite à un jour déterminé.

Depuis un certain nombre d'années, le nombre des associations fruitières va sans cesse en augmentant. Quelques-unes, peu nombreuses, fonctionnent toute l'année, mais la plupart chôment pendant la saison de l'alpage.

La race tarine ne paraît pas destinée à prendre une grande expansion. Dans la Haute-Savoie, elle se trouve en concurrence avec les races suisses et la race d'Abondance; dans l'Isère, elle est limitée par la race de Villars-de-Lans. Cependant elle a été l'objet de la formation de plusieurs sociétés d'élevage, telles que celles des cantons de Corps, La Mure, Valbonnais, Saint-Marcellin (Isère), et celles du Champsaur (Hautes-Alpes), de Privas, de Tournon (Ardèche).

Elle est en faveur dans la partie est de la Lozère et ses reproducteurs sont appréciés pour les croisements dans l'est de la Montagne-Noire.

De 1891 à 1897, la société d'élevage du Champsaur n'a pas introduit moins de 70 taureaux et 280 génisses. Celle de Privas a acheté pour revendre 28 taureaux et 100 vaches et génisses, de 1892 à 1895; celle de Tournon, 8 taureaux et 100 vaches et génisses, en trois années.

RACE DE VILLARD-DE-LANS.

«Il y a trente ans, écrivait récemment M. Sanson, les éleveurs de ce pays (ayant Grenoble pour centre et occupant une bande assez étroite au nord du cours de l'Isère jusqu'à la Tour-du-Pin, et, au sud, dans les vallées du Drac et de la Romanche), faisant des démarches pour qu'une catégorie spéciale fut affectée dans les concours régionaux à leur bétail, s'adressèrent au professeur Tisserant, de l'École vétérinaire de Lyon, afin qu'il en établit la caractéristique. Il ne me fut pas difficile de démontrer, d'après même les caractères qui lui furent reconnus par ce professeur, que la prétendue race de Villard-de-Lans ne pouvait être qu'une population métisse en état de variation désordonnée. C'est à la suite de ma démonstration absolument péremptoire et de l'indication du moyen propre à faire cesser cet état de variation que M. Bévière, vétérinaire à Grenoble, eut l'heureuse idée de provoquer la fondation de la société d'éleveurs dont la sage persévérance a conduit, sous sa direction éclairée, l'œuvre à bonne fin. Le but précis était d'éliminer toute trace de la race des Alpes dans la population. Ce but ayant été atteint depuis déjà longtemps, c'est ainsi qu'elle ne présente plus que les caractères de la race jurassique, dont elle forme une nouvelle variété. »

Cette population sélectionnée comprendrait actuellement de 7,000 à 8,000 têtes. Elle occupe le plateau du Villard-de-Lans bordé par une haute ceinture de crêtes calcaires, avec extension vers le Trièves et le Vercors et tendance à se répandre sur les pentes liasiques du Grésivaudan. On trouve fréquemment des croisements avec les tarentais, en vue d'obtenir des animaux plus développés que ceux-ci.

C'est à partir de 1866 que les crédits votés par le Conseil général pour l'achat de taureaux ont été constamment affectés à la race de Villard-de-Lans, alors que précédemment on les consacrait à introduire des reproducteurs suisses ou salers.

En 1875, M. Bévière créa la société d'élevage du Villard-de-Lans, dont le programme avait pour bases l'amélioration par la sélection, le développement des facultés laitières et la création d'une caisse de secours.

Cette société, présidée actuellement par M. Amar, après M. Bévière, a constamment reçu des subventions de l'État et du département. Depuis quelques années, l'État attribue 3,000 francs à un concours spécial.

La race du Villard-de-Lans est surtout race de travail et de boucherie, bien que ses facultés laitières aient été sensiblement accrues par le fait de la sélection. Si la moyenne du lait produit en une année par une vache est de 1,800 à 2,000 litres, on en trouve qui dépassent 2,500 litres.

Voici ses principaux caractères :

Tête relativement petite, carrée, légèrement déprimée au chanfrein, expressive.

Cornes elliptiques et minces, d'un blanc jaunâtre.

Taille moyenne : 1 m. 37.

Robe froment délavée, sans taches ni fumures.

Muqueuses et ouvertures naturelles rosées.

Une notable amélioration a été obtenue pour la forme des côtes, parfois encore trop plates, et pour la ligne de dos, qui, surtout en montagne, est quelque peu infléchie.

La poitrine est large et profonde; les membres sont fins et les articulations larges.

Le cuir est d'épaisseur moyenne.

Les veaux de boucherie nourris par leurs mères sont vendus entre 1 mois et demi et 2 mois, ayant un poids moyen voisin de 100 kilogrammes.

On fait naître les veaux d'élevage entre décembre et mars. Ils sont sevrés à 2 mois. Les taureaux maintenus à l'étable commencent la saillie à 14 mois et sont conservés jusqu'à l'âge de 3 ans au plus. Les génisses sont saillies entre 15 mois et 2 ans. C'est à cet âge que les bouvillons sont castrés.

Les vaches comme les bœufs sont dressés pour le travail à 2 ans. Leur allure est rapide. Ils résistent bien au froid.

Les bœufs atteignent leur entier développement vers l'âge de 5 à 6 ans. Ils pèsent alors de 600 à 700 kilogrammes, avec augmentation de 15 p. 100 depuis trente ans. Après engraissement, le poids vif s'élève entre 800 et 900 kilogrammes, avec rendement atteignant et dépassant même 55 p. 100.

Les animaux sont gardés au pâturage, le jour, de juin à fin octobre. Ils couchent toujours à l'étable.

C'est avec le lait moyennement butyreux des vaches de Villard-de-Lans qu'est fabriqué le fromage renommé de Sassenage.

POPULATION BOVINE FERRANDO-FORÉZIENNE.

M. Gayot, dans l'Encyclopédie agricole, considère les animaux ferrando-foréziens ou foréziens-ferrandais, ainsi que les désigne le Comice de Saint-Rambert, comme des métis assez diversement composés, mélange complexe des races bressane, salers, aubrac et même charolaise. Ils forment la population à peu près exclusive des montagnes du Forez et de celles du département du Puy-de-Dôme où le sol est de nature granitique.

Sur toute l'étendue d'une vaste demi-circonférence partant de Pont-Gibaud (Puy-de-Dôme), pour aboutir à la Loire, à l'est de Saint-Rambert, elle est en contact avec la race charolaise, qui la refoule progressivement, à mesure que la production fourragère s'améliore par l'emploi de la chaux et des engrais phosphatés. A l'est de la Loire, de Saint-Rambert à Monistrol, c'est-à-dire dans la contrée industrielle à population très dense, la nécessité de produire de grandes quantités de lait pour la consommation journalière a amené les agriculteurs à renoncer à l'élevage et à recourir à l'importation fréquente de vaches laitières de provenances très diverses.

Le contact des ferrandais se fait au sud, d'abord avec les mézencs, de Monistrol à Vorey (nord d'Yssingeaux), puis avec les salers sur une ligne passant par Brioude, une partie du cours de l'Allier, puis Clermont.

On peut évaluer à 140,000 têtes le nombre des animaux se rapprochant du type ferrando-forézien, dont 100,000 dans le Puy-de-Dôme, 40,000 dans la Loire. Il y a eu diminution notable par le fait de l'envahissement du charolais dans une partie de la plaine du Forez et des salers dans les territoires d'origine volcanique.

M. Rougier, professeur départemental d'agriculture, définit les animaux ferrando-foréziens comme il suit :

Tête moyenne, cornes dirigées à la base un peu en avant, puis en arrière, en se relevant légèrement. Taille moyenne, assez variable.

Robe pie d'un rouge aussi éloigné du rouge acajou des salers que du rouge pâle des fribourgeois.

Muqueuses jaunes.

Corps allongé, avec hanches saillantes larges, poitrine descendue un peu en avant, membres moyens à bons avant-bras, cuisses musclées et aplombs parfaits.

Cuir relativement épais.

Aptitudes moyennes pour le travail et l'engraissement, relativement bonnes pour la production du lait.

Le principal avantage des ferrando-foréziens, d'après M. Girard-Col, professeur départemental d'agriculture du Puy-de-Dôme, est d'être peu exigeants et de vivre dans des pâturages maigres où le salers dépérit. Il y a donc intérêt à les maintenir dans la contrée qu'ils occupent, tout en cherchant à les améliorer et à multiplier les meilleurs types. C'est à quoi se sont attachés depuis quelques années la Société centrale d'agriculture du Puy-de-Dôme, la Société d'agriculture de la Loire et le Comice d'Ambert, en n'attribuant de récompenses dans les concours agricoles qu'aux animaux représentant ce type (à l'exclusion de ceux à robe pie-noir, qui étaient et sont encore assez nombreux) et ayant des caractères laitiers bien manifestes.

Une vache ferrando-forézienne prise dans la bonne moyenne peut produire jusqu'à 2,400 litres de lait pour une durée de lactation de 11 mois. Il faut environ 30 litres de lait pour faire 1 kilogramme de beurre.

On élève peu de bouvillons dans cette contrée; par suite, ce sont les vaches qui sont utilisées pour les labours et les charrois. On fait saillir les génisses à l'âge de 20 mois. La saillie a lieu le plus souvent en liberté. Les taureaux sont livrés à la reproduction vers 16 à 18 mois, mais ne sont pas conservés très longtemps.

On ne fait pour ainsi dire pas d'engraissement dans cette contrée.

Les animaux vivent dans les pâturages du 15 avril au 1er novembre.

Dans une partie de la région on fait transhumer les animaux. Les pâturages de transhumance sont situés dans les plus hautes montagnes du Forez, au-dessus de 1,100 mètres d'altitude. Autrefois, ils étaient indivis. Depuis qu'ils ont été divisés entre les intéressés, ceux-ci y ont créé des étables et des locaux pour la fabrication et le mûrissement du fromage connu sous le nom de *fourme;* les exploitations de montagnes portent le nom de *jasseries.* Les animaux y restent du commencement de juin jusqu'à la fin de septembre.

RACE DU MÉZENC.

M. Sanson considère la race du Mézenc comme le résultat de croisements entre celles d'aubrac et de salers, ayant acquis une certaine fixité. Cette intervention du sang aubrac est très discutable.

Victor Borie décrit ainsi le taureau du Mézenc :

«Taille de 1 m. 30, avec un squelette plutôt grossier. Les masses musculaires peu développées au train postérieur; l'animal manque de culotte. La tête est courte, grosse; le front large et plat; l'encolure forte, surtout près de la tête; le fanon est développé; les épaules et le poitrail sont larges, la poitrine profonde et conséquemment les membres relativement courts, les côtes sont bien arquées. Les os de la fesse ou ischions sont très souvent rapprochés un peu trop, la croupe est un peu maigre, le garrot élevé. Les extrémités sont fortes, nerveuses, avec des jarrets droits et puissants. L'os du canon et le tendon sont larges. La queue a le défaut d'être surélevée en arcade à son origine. »

M. J. Boyer, professeur spécial d'agriculture, dans une brochure sur les *Bovidés de la Haute-Loire,* publiée en 1897, ajoute :

«De cet ensemble de caractères, il résulte que le bœuf du Mézenc est gros et court; il est trapu.

«Chez les vaches, la taille est un peu moindre que chez le taureau; les mamelles sont bien développées avec de forts mamelons. La peau est généralement dure. Le pelage est froment plus ou moins clair; on attache beaucoup d'importance à ce qu'il ne présente pas de taches. Le mufle et les muqueuses sont rosés. Les cornes sont courtes, grosses à la base, lisses, pointues, légèrement contournées en arrière, blanchâtres ou rosées, à pointe quelquefois brune.

«En ce qui concerne les aptitudes des mézencs, nous devons reconnaître qu'ils n'en possèdent aucune à un degré élevé. Il serait puéril de le contester. Les vaches ne donnent pas plus de 1,200 à 1,600 litres de lait par an.

«En revanche, les herbes riches du Mézenc permettent d'obtenir du lait de bonne qualité. Le beurre qu'il sert à fabriquer est connu sur le marché de Paris sous le nom de *beurre de la Haute-Loire* et est des plus estimés.

«Dans ces pâturages, il faut de 24 à 26 litres de lait pour obtenir 1 kilogramme de beurre.

«La viande des animaux du Mézenc est fine, succulente; elle est très appréciée au Puy, à Yssingeaux et à Saint-Étienne, où elle alimente en grande partie la boucherie. On en exporte aussi en Vivarais et en Dauphiné.

«Dans les grandes exploitations de l'arrondissement d'Yssingeaux et du Puy, on utilise les bœufs pour l'exécution des travaux de culture; mais ces cas sont rares. Plus communément, ce sont les vaches qui effectuent ces travaux.»

Enfin, M. Boyer signale comme défauts à réformer par sélection : le manque de culotte, les ischions trop rapprochés, la croupe maigre, l'arcade caudale trop prononcée, le garrot un peu élevé.

Il ne paraît pas que ces défauts aient été corrigés d'une façon générale par une sélection bien comprise.

On évalue à environ 60,000 le nombre des animaux ayant plus ou moins les caractères attribués aux mézencs. Mais on ne trouve une population bovine un peu homogène que dans la partie du département de la Haute-Loire qui comprend les cantons du Monastier, Saint-Julien-Chapteuil, Yssingeaux, Tence, Montfaucon, Le Puy (S.E.), Solignac-sur-Loire, Cayres, Pradelles et, surtout, Fay-le-Froid.

Les mézencs se trouvent, dans la Haute-Loire, plus ou moins mélangés avec d'autres races ou croisements jusqu'aux confins de l'arrondissement de Brioude et du département de la Loire, dans la partie de l'Ardèche située au nord de la rivière de ce nom et quelque peu sur la rive gauche du Rhône, entre Vienne et le cours de l'Isère. Mais ils perdent de plus en plus de terrain dans toutes ces contrées et on tend à les remplacer sur les confins de l'Isère par les villars-de-lans et les tarins, et ailleurs par ces derniers.

Le sud du département de la Loire entretenait jadis un grand nombre d'animaux du Mézenc; mais le débouché de plus en plus considérable que la nombreuse population ouvrière offre à la production du lait a conduit les agriculteurs à recourir à l'importation réitérée de vaches appartenant à des races plus laitières, sans se préoccuper d'élevage. Le nombre des animaux de mézenc dans la Loire ne dépasserait pas actuellement 9,000 têtes et ils finiront par disparaître.

Nous avons vu, à l'article «Tarins», que la Société ardéchoise d'agriculture avait importé 28 taureaux et 100 vaches et génisses de race tarine de 1892 à 1897 et que la Société d'élevage de Tournon avait été acheter 8 taureaux et une centaine de vaches et génisses de cette race de 1896 à 1898.

En effet, il paraît que les animaux du Mézenc ne peuvent acquérir le maximum des qualités dont ils sont susceptibles que dans les terrains bien pourvus en chaux et en potasse provenant de la désagrégation des roches volcaniques qui s'étendent au sud d'Yssingeaux et à l'est du Puy, jusqu'à la rivière d'Allier. Dans les sols granitiques des autres parties de la Haute-Loire et de l'Ardèche, ils perdent beaucoup de leur taille et de leur ampleur, sans acquérir d'autres qualités compensatrices.

Au nord-ouest, c'est la race de Salers qui refoule progressivement les mézencs.

Notons, enfin, que depuis quelques années, la Société agricole et scientifique de la Haute-Loire achète, pour vendre aux enchères, des taureaux de choix de race limousine, dans le but d'améliorer par voie de croisement les mézencs au point de vue de la viande.

Les taureaux commencent à faire la saillie à 12 mois en liberté dans la montagne, et à l'attache dans les environs des villes et villages. On les garde rarement comme reproducteurs plus de 18 mois à 2 ans.

Les génisses sont saillies vers l'âge de 16 mois, ayant été sevrées très hâtivement.

Les bouvillons sont dressés très jeunes au joug. Ils font des bœufs très rustiques et à allures assez rapides, qui atteignent leur entier développement vers 5 ans.

Leur engraissement sur place, en stabulation, quand ils ont 8 ans et plus, est toujours très long. On engraisse toutefois un certain nombre de jeunes bœufs de 3 ans dans le canton de Saint-Agrève.

Il y a de grandes dissemblances entre les poids des bœufs gras du Mézenc suivant les contrées où ils ont été élevés. Cela va de 500 à 800 kilogrammes, et, pour les vaches grasses, de 350 à 550 kilogrammes.

Le rendement en viande nette pour les bœufs se tient entre 50 et 53 p. 100, et entre 47 et 48 p. 100 pour les vaches.

RACE SALERS.

Le meilleur centre d'élevage de la race salers comprend les territoires des arrondissements d'Aurillac, de Mauriac et de Murat, dans le Cantal, avec légère extension sur la partie sud de l'arrondissement de Clermont et l'est de celui de Figeac. Mais la contrée occupée presque exclusivement par les animaux de la race salers, en dehors de cette zone, bien que l'élevage y soit ou inférieur ou sans importance, est beaucoup plus considérable.

Au Nord, elle s'étend sur la rive gauche de l'Allier jusqu'au delà de Clermont (Puy-de-Dôme) et d'Aigurande (Indre); à l'Ouest, la limite passant près d'Ussel, Egletons, La Roche-Canillac, Meyssac (Corrèze), pénètre dans le Lot au delà de Gramat, se dirige sur Cajarc, va rejoindre Saint-Antonin, dans le Tarn-et-Garonne, puis l'Isle, dans le Tarn, au sud de Gaillac. Ce canton et celui de Graulier forment au Sud l'extrême limite qui, de là, remonte à l'Est vers Monestier (Tarn), La Salvetat, Ricupeyroux, Rignac, Entraygues, Mur-de-Barrèz (Aveyron), pour rejoindre, vers Pierrefort, les confins nord-ouest de l'arrondissement de Saint-Flour. Enfin ce territoire va former une presqu'île dans la Haute-Loire, englobant les cantons de Brioude, Lavoûte-Chilhac, Paulhaguet et Allègre.

On peut évaluer à 480,000 le nombre des animaux de race salers au-dessus de 6 mois se répartissant ainsi :

Cantal	156,000 têtes.
Puy-de-Dôme	50,000
Lot	64,000
Corrèze	45,000
Haute-Loire	35,000

Aveyron.	20,000 têtes.
Tarn-et-Garonne.	14,000
Tarn	12,000
Bœufs de travail ou d'engrais et bouvillons dans divers départements. .	84,000
Totaux.	480,000

Leur poids total est d'environ 162,000 tonnes.

Les bœufs de travail salers, peu nombreux dans le Cantal, le Puy-de-Dôme, la Corrèze, la Haute-Loire, sont, au contraire, en grand nombre dans le Lot, l'Aveyron, le Tarn et le Tarn-et-Garonne; mais ils constituent la presque totalité des animaux de travail de la contrée comprenant le nord des arrondissements d'Angoulême et de Cognac (Charente), l'est de celui de Saint-Jean-d'Angely (Charente-Inférieure), ceux de Melle (Deux-Sèvres), de Ruffec, Civray, sud de celui de Poitiers et ouest de celui de Montmorillon (Vienne).

Ils y sont amenés comme bouvillons à l'âge de 8 à 12 mois.

D'autre part les bœufs de salers vont en grand nombre exécuter les travaux dans les contrées à industries betteravières, puis s'y faire engraisser.

La race de salers a en effet de remarquables aptitudes pour le travail, en même temps qu'elle donne de bons résultats à l'engraissement et qu'elle a des facultés laitières assez développées.

Description : Tête forte, large et courte, souvent avec chanfrein busqué chez le taureau.

Cornes de longueur moyenne, plutôt grosses, dirigées d'abord horizontalement en avant, puis se relevant pour se contourner enfin en arrière; blanchâtres, avec l'extrémité noire.

Taille variant de 1 m. 35 à 1 m. 50 pour les vaches et les taureaux, plus élevée pour les bœufs.

Robe bai rouge acajou. Ouvertures naturelles et parties dépourvues de poils d'un blanc rosé.

Cuir moyennement épais, mais souple et bien détaché.

Formes : poitrine large et profonde; garrot épais; côte large insuffisamment arrondie; ligne dorsale longue et régulière, mais avec une attache de queue un peu haute; cuisses bien musclées.

La nuance de la robe, bien caractéristique pour les animaux nés et élevés dans les sols provenant de la décomposition des roches volcaniques, pâlit notablement dans les contrées constituées par des sols différents, surtout s'ils sont pauvres en acide phosphorique.

La taille aussi diminue dans les sols granitiques tandis qu'elle grandit dans les terrains tertiaires.

La sélection a fait réaliser des progrès considérables dans toute la région montagneuse où les spéculations animales comportent l'élevage soit seul, soit combiné avec la fabrication du fromage connu sous le nom de *fourme*. Le nombre des animaux mal conformés et tardifs a diminué dans de grandes proportions, en même temps que les aptitudes laitières des vaches ont été sensiblement développées.

Si les sociétés locales, les concours régionaux et surtout spéciaux ont largement contribué à la réalisation de ces progrès, le commerce y a une part encore plus grande, car, pour répondre aux exigences des acheteurs des régions d'importation des bouvillons, il s'est montré de plus en plus difficile, n'achetant que les bêtes bien conformées et ayant les caractères utiles en vue de l'engraissement.

La production moyenne en lait des vaches de salers pour une durée de lactation de 9 à 10 mois est de 1,800 à 2,000 litres; pour des sujets de choix entretenus dans de bons pâturages, elle peut atteindre 2,500 litres et elle est rarement inférieure a 1,600 litres pour les vaches dépaysées. Le lait est très riche en caséine. Il faut en moyenne 28 à 30 litres de lait pour obtenir 1 kilogramme de beurre, par ascension naturelle de la crème.

Dans les pays d'élevage qui correspondent à la région montagneuse, on fait naître les veaux autant que possible du 15 janvier au 15 avril, de façon qu'ils puissent être sevrés à l'herbage. Le sevrage se fait progressivement à partir de 5 à 6 semaines et est complet vers 4 ou 5 mois. Au moment de la traite, le veau est amené à la mère et on ne lui laisse prendre que deux et même un seul trayon.

Mais on estime que la moitié des veaux du Cantal est vendue à la boucherie à 8 ou 10 jours, pesant de 25 à 30 kilogrammes. Les bouvillons sont achetés le plus souvent à l'âge de 3 à 5 mois.

Les taureaux commencent à faire la saillie vers l'âge d'un an et sont rarement conservés au dela de 3 ans.

En général ils font la saillie en liberté et au pâturage.

Dans ces contrées, les travaux de culture, généralement peu considérables, sont faits le plus souvent par les vaches qui sont énergiques et ont une bonne allure.

Dans les contrées à faible altitude, c'est-à-dire au-dessous de 800 mètres en général, et même presque partout où l'on cultive une certaine étendue de céréales, les animaux couchent à l'écurie, sauf exceptionnellement au plus fort de l'été. Mais sur les montagnes, ils vivent au pâturage et couchent dehors du 20 mai à la fin de septembre.

Les salers résistent très bien aux intempéries et au froid. Leur résistance à la chaleur et aux mouches est seulement passable. Dans les contrées un peu chaudes telles que le Lot, l'Aveyron, le Tarn, le Tarn-et-Garonne, on revêt les animaux de travail d'une couverture de toile fixée à la queue et aux membres antérieurs, et on met une demi-peau de mouton sur la nuque et l'encolure, ainsi qu'un moustiquaire à franges sur la face.

Lorsque les pâturages, situés à des altitudes variant entre 900 et 1,500 mètres, sont éloignés des habitations de plusieurs kilomètres, les veaux passent la nuit dans une petite étable voisine du *buron* (fromagerie) tandis que les mères sont enfermées dans des parcs mobiles. L'intérêt qu'a le *cantalès* (fromager) à produire le plus possible de fromages fait que le lait est beaucoup trop épargné pour la nourriture des jeunes veaux dont, par suite, le développement est notablement retardé.

Dans les contrées de plaines ou de coteaux, l'élevage n'est qu'exceptionnel et on pratique l'engraissement des veaux. Dans le pays bas du Puy-de-Dôme et du Lot, ils sont livrés à la boucherie à l'âge de 3 mois, ayant absorbé non seulement le lait de la mère, mais encore un supplément provenant d'autres vaches et, si besoin est, du blé cuit et de la farine de froment.

Dans la partie sud de la région des salers, Aveyron, Tarn, Tarn-et-Garonne et plus spécialement dans l'arrondissement de Villefranche, les veaux ne sont le plus souvent livrés à la boucherie qu'à l'âge de 5 et 6 mois. On leur fait absorber des fèves cuites, des galettes d'orge, de sarrasin ou encore des soupes de seigle. Il y a une certaine tendance, spécialement dans le Lot, à faire saillir les vaches destinées à la production des veaux de boucherie par des taureaux de race limousine. Ils sont plus tendres à l'engraissement et leur chair est plus estimée.

Les bouvillons amenés par les commerçants à l'âge de 8 à 12 mois dans les différents centres indiqués ci-dessus pour y devenir des bœufs de travail sont bistournés dans les 3 ou 4 mois qui suivent leur arrivée. On les dresse vers l'âge de 18 mois. Ils sont soumis au régime de la stabulation.

Ils atteignent leur complet développement vers l'âge de 4 ans et demi à 5 ans, mesurent de 1 m. 50 jusqu'à 1 m. 75 au garrot et pèsent alors, à l'état d'entretien, de 600 à 700 kilogrammes. C'est au plus tard à cet âge qu'on les engraisse à la pouture. Quelquefois on en engraisse n'ayant que 2 ans et demi et 3 ans, n'ayant que très peu travaillé et aussi un certain nombre de génisses. Beaucoup sont achetés rafraîchis ou demi-gras pour achever leur engraissement dans le Choletais.

Les bœufs gras pèsent 800 kilogrammes en moyenne et leur rendement en viande nette varie de 56 à 60 p. 100, la peau pesant 55 à 65 kilogrammes.

Voici le rendement d'un bœuf salers de 5 ans ayant obtenu un 3ᵉ prix dans un concours général d'animaux gras et ayant une taille de 1 m. 63.

Poids vif à l'abatage......	1,040ᵏ		Proportion du cuir au poids vif.................	6.442 p. 100
Poids des quatre quartiers...............	676ᵏ		Pieds et patins..........	13ᵏ
Proportion des quatre quartiers au poids vif......	65.00 p. 100		Canard..................	5
Poids du suif..........	102ᵏ		Poumons et cœur.........	10
Proportion du suif au poids vif.................	9.808 p. 100		Foie et rate.............	12
			Langue.................	6
Poids du cuir..........	67ᵏ		Sang..................	32
			Intestins, excréments, déchets.................	117

D'une manière générale les bœufs de Salers paraissent perdre du terrain dans les Charentes, dans l'arrondissement de Montmorillon et dans le Lot, et partout où les travaux du sol n'exigent pas trop de force et où l'alimentation s'est améliorée, cédant la place aux limousins.

Au contraire, ils se sont substitués en grande partie aux parthenais dans certaines parties de la Vienne, tels que les cantons de Lusignan, Vivonne, Poitiers, la Villedieu, Saint-Julien-l'Ars. D'un autre côté ils sont de plus en plus en faveur pour l'exécution des travaux pénibles dans les contrées à industries betteravières.

RACE D'AUBRAC.

Voici comment une commission de la Société centrale d'agriculture de l'Aveyron a déterminé les caractères de la race d'Aubrac, très bonne pour le travail et passable pour les aptitudes laitières :

«La race d'Aubrac a les jambes fort courtes, proportionnellement à la longueur et surtout à la grosseur du tronc. La tête est belle, presque carrée, moyennement grosse et terminée par un museau court; très caractérisée chez les mâles, elle est fine et féminine, en quelque sorte, chez les femelles. Les cornes sont fortes, relevées et contournées avec grâce, mais d'une longueur médiocre. Le mufle et le bord des paupières sont noirs et entourés d'une auréole blanche. Le poitrail est large, le coffre bombé, le dos écrasé et aplati, les os des îles arrondis et peu saillants, les ischions écartés et se terminant à la chute de la cuisse; les jambes sont fortes et les pieds massifs. La queue est fine et continue la ligne du dos. Souvent la croupe est étroite et la cuisse peu descendue. C'est là un des défauts de la race que les éleveurs devront s'attacher à corriger.

« Le pelage est d'une teinte unie qui s'assombrit souvent sur certaines parties du corps; il varie d'un brun très foncé au froment, en passant par le gris blanchâtre et le fauve tirant sur le lièvre ou le blaireau. Il ne doit être ni noir, ni blanc, ni rouge, ni marqué de taches noires, blanches ou rouges.

« Le poil froment s'allie, en général, à une plus grande souplesse de la peau, une plus grande finesse et, par suite, une plus grande aptitude à l'engraissement : c'est donc lui qui doit être particulièrement recherché. On peut admettre comme à peu près démontré qu'il est produit par l'union de femelles de cette couleur avec des étalons froment bronzé ou bruns (nuance de suie). Chez ces derniers, la teinte se dégrade des épaules aux flancs, et l'épine dorsale est marquée d'une raie assez claire ».

Les programmes des concours spéciaux de cette race ont ajouté à cette définition que les sujets mâles doivent avoir le fond des bourses (*cupule*) noir; chez les mâles, comme chez les femelles, la peau doit être noire ou fumée dans toutes les parties dénuées de poil voisines des ouvertures naturelles, sans lignes délimitées de peau rose.

Enfin, il convient de dire que les cornes sont blanches à la base et noires aux extrémités et que le cuir est généralement épais, mais relativement moins chez les animaux de nuance froment que chez les autres. Ce sont ceux que le commerce et les éleveurs recherchent depuis un certain nombre d'années.

La taille moyenne est de 1 m. 48 pour les bœufs et de 1 m. 30 pour les vaches et les taureaux.

La zone d'élevage où le bétail d'Aubrac présente le mieux, dans son ensemble, ces caractères comprend, dans l'Aveyron; les cantons de Saint-Chély-d'Aubrac, Sainte-Geneviève, Saint-Amans, Estaing, Espalion, Saint-Geniez, Sévérac, Laissac, Bozouls et Rodez, avec extension sur la bordure ouest du département de la Lozère. Cette zone a une tendance très marquée à s'étendre et on renonce de plus en plus aux croisements tarentais et schwitz, un moment en faveur et qui, après la première génération, ne donnaient que des animaux décousus, moins rustiques et moins bons travailleurs.

Mais la contrée occupée par des animaux se rapprochant plus ou moins de l'aubrac et plus ou moins croisés est beaucoup plus considérable. Ils sont en contact et en mélange avec les salers dans la partie ouest de l'Aveyron, de La Salvetat à Mur-de-Barrez, en passant par Rieupeyroux, Rignac et Entraygues; au nord, dans le Cantal, ils occupent presque exclusivement l'arrondissement de Saint-Flour, avec prolongement vers Langeac, jusqu'à la vallée de l'Allier, qui forme limite à l'est. A partir de Villefort (Lozère), cette limite traverse, en se dirigeant au sud-ouest, vers Saint-Pons, les arrondissements du Vigan et de Lodève. De Saint-Pons, à part le territoire des cantons d'Anglès, Brassac, la Salvetat, Mazamet, Lacaune et Saint-Amans (Tarn), occupé surtout par ce qu'on est convenu d'appeler la race d'Anglès, cette limite englobe Castres et une partie de l'arrondissement de Lavaur et va reprendre contact avec les salers à l'ouest d'Albi.

La population bovine de race aubrac ou se rapprochant du type se décompose ainsi :

Aveyron..	114,000 têtes.
Lozère...	72,000
Cantal...	52,000
Tarn..	85,000
Totaux..	323,000

Poids total d'environ 105,000 tonnes.

L'État donne depuis de longues années d'importantes subventions pour un concours spécial d'animaux de la race d'Aubrac qui se tient toujours à Laguiole, à l'époque où a lieu la transhumance, c'est-à-dire vers le 25 mai.

Depuis une dizaine d'années, ces concours ont fait réaliser d'importants progrès auxquels la Société d'agriculture de l'Aveyron a puissamment contribué. Ils ont eu spécialement pour résultat d'uniformiser l'élevage et de faire renoncer à des croisements inconsidérés. On a tenté de créer un livre généalogique, mais l'indifférence des éleveurs, et surtout les difficultés résultant de la saillie en liberté pendant la saison du pâturage en montagne n'ont pas permis de mener cette entreprise à bonne fin.

Bien que l'élevage domine dans toute cette contrée, l'engraissement des veaux de boucherie y a une certaine importance. Ils sont livrés à l'âge de 3 à 5 mois. Les plus gras, pesant 150 kilogrammes et plus, sont dirigés sur Paris, les autres sur les grandes villes du Midi.

On fait naître les veaux d'élevage en février et mars. Ils sont éleévs sur le domaine où ils naissent, ou envoyés avec les mères, pendant la bonne saison, sur un pâturage de montagne. Le plus grand nombre est vendu à l'âge de 8 à 10 mois, spécialement pour l'Albigeois.

Le sevrage commence au moment où les animaux transhument, mais se fait progressivement. En raison de la fabrication des fromages dits *de Laguiole*, la quantité de lait qu'on laisse prendre alors aux veaux est insignifiante.

Ils sont, en montagne, élevés à la dure. Séparés de leurs mères pendant le jour, ils sont enfermés la nuit dans des parcs mobiles, dont un côté, formé par un clayonnage de 2 à 3 mètres de hauteur et placé du côté d'où vient le vent, constitue le seul abri.

« Deux fois par jour, dit M. Marre, professeur d'agriculture de l'Aveyron, dans une très intéressante brochure parue en 1895, les gardiens conduisent le troupeau dans le voisinage du parc et appellent successivement chaque vache par son nom pour la soumettre à la traite. L'empressement avec lequel ces animaux approchent lorsque leur nom est prononcé témoigne des bons soins que leur accordent les cantalès ; il faut expliquer cependant que la distribution d'une pincée de sel, dont chaque gardien porte la provision dans un sachet de cuir attaché à la ceinture, n'est pas sans contribuer au développement de cette docilité.

« Lorsque la vache s'est rapprochée, on tire son veau du parc et on le laisse téter jusqu'à ce que la mère soit disposée à donner son lait, ce que l'on exprime par le verbe *rédré*. A ce moment, on attache le nourrisson, par le cou, à l'aide d'une corde, à la jambe postérieure gauche de la vache et on trait, en sa présence, la presque totalité du lait pour la fabrication du fromage. Le veau est ensuite détaché et il peut exprimer à son aise le peu de lait qui reste encore dans la mamelle; la traite finie, les veaux sont séparés de leurs mères et le lait porté au buron pour y être transformé en fromage.

« On comprend, lorsqu'on connaît la façon dont on élève la race d'Aubrac, que son développement soit lent et sa précocité moins grande que celle des autres races auxquelles on accorde des soins judicieux dans la jeunesse, et il faut reconnaître, avec un homme d'esprit, que si les animaux de cette race ont quelques défauts, ils ont du moins une qualité remarquable et peu commune, celle « de ne pas crever, tout en « crevant de faim ».

« Vers le milieu d'octobre, le 13 généralement, le troupeau descend de la montagne et regagne ses cantonnements d'hiver; une partie des élèves, qui ne sont pas destinés à remplacer les vaches ou les taureaux réformés, est vendue dans les diverses foires de la région; ces jeunes animaux ressemblent alors à des ours, tellement leur poil s'est allongé sous l'influence des privations et des rigueurs du climat; cet aspect hérissé leur a fait donner le nom de *bourrus*. Ils valent, à ce moment, de 5o à 8o francs, quelquefois moins, lorsque les années sont mauvaises; les meilleurs se vendent jusqu'à 100 et 120 francs dans les bonnes années.

« Durant le cours de l'hiver suivant la descente de la montagne, les veaux et les velles sont rarement placés dans des conditions avantageuses qui leur permettent de rattraper le temps perdu; les jeunes animaux résistent bien sans périr au manque de nourriture, mais ne s'accroissent pas; c'est seulement au second printemps de leur vie qu'ils peuvent se développer lorsqu'on les met au vert.

« Les taureaux sont castrés à l'âge de 2 à 3 ans et sont habitués au joug et à la charrue par les petits cultivateurs. Ils passent ensuite dans des exploitations de plus en plus importantes à mesure que leur taille et que leurs forces augmentent.

« Certains éleveurs ont, depuis quelques années, pris l'habitude de conserver leurs bouvillons jusqu'à l'âge de 18 mois et même 2 ans et demi.

« Comme travailleurs, les bœufs d'Aubrac ne sont dépassés par aucune race sous le rapport de la ténacité, de la patience et de la puissance. C'est l'avis de M. Sanson. Leur membrure est saine et sans tares, leurs jarrets sont bien musclés et leurs pieds solides. Avec une taille moyenne, ils possèdent une grande force et beaucoup d'énergie et s'accommodent admirablement des difficultés d'un pays accidenté. Cette précieuse qualité les fait rechercher toutes les fois qu'il s'agit d'exécuter un travail pénible. C'est ainsi qu'à la zone de contact des deux races d'Aubrac et de salers, on trouve généralement des bœufs d'Aubrac pour le travail et des vaches de salers comme bétail de rente. Les étrangers à la région viennent acheter nos bœufs quand ils ont à produire un grand effort; les viticulteurs du Languedoc s'en servent pour défoncer leurs vignes; les agriculteurs des régions betteravières eux-mêmes, trouvant que l'aptitude au travail de leurs races perfectionnées diminue tous les jours, font des essais de bœufs d'Aubrac pour exécuter leurs transports et leurs labours.

« L'aptitude laitière laisse à désirer : sur la montagne, les vaches donnent, en moyenne, de 4oo à 5oo litres de lait; au retour du pâturage, sur les plateaux, elles donnent encore environ 100 litres. Ces 5oo ou 6oo litres de lait sont transformés en fromage. Si l'on voulait estimer le rendement total d'une vache dans l'année, il faudrait ajouter à ces chiffres le lait produit pendant les 2, 3 ou 4 premiers mois après

M. de Lapparent.

7

le vêlage; ce lait, nous l'avons vu, est consommé intégralement par le veau jusqu'au 25 mai. Il faudrait compter aussi la petite quantité de lait absorbée également par le veau au moment de la traite pendant le séjour au pâturage; en additionnant ces divers produits, on obtiendrait, sans doute, le total de 1,000 ou 1,200 litres qui est donné par quelques auteurs. Les bonnes vaches produisent jusqu'à 8 litres par jour après le vêlage, exceptionnellement de 12 à 13; il n'est pas rare qu'elles refusent de donner leur lait sans que le veau ait tété pendant quelques instants, c'est un inconvénient. Le lait est très butyreux.

« L'aptitude à l'engraissement pourrait être meilleure; on engraissait autrefois, le plus souvent, des animaux trop vieux, de 10 à 12 ans; dans ces conditions, l'engrais est toujours long et incomplet; mais si l'on engraisse des animaux jeunes, de 3 à 5 ans, comme on le fait pour d'autres races, on obtient facilement, l'expérience l'a démontré, des animaux fins, gras, dont la viande est très savoureuse et très estimée. Un bœuf convenablement engraissé pèse en moyenne 780 kilogrammes. Une vache grasse pèse environ 450 kilogrammes. »

On engraisse les animaux plus jeunes qu'autrefois.

Le rendement en viande nette des bœufs est moyennement de 55 p. 100 avec un poids de cuir de 35 à 40 kilogrammes.

Le débouché des animaux gras est surtout vers la région méditerranéenne.

Les poids indiqués plus haut ne sont pas atteints par les animaux élevés dans les contrées granitiques de la Lozère et ne transhumant pas annuellement dans les pâturages si nutritifs des sols volcaniques de l'Aubrac, comme le font ceux du Ségalas de l'Aveyron.

Les bœufs gras de ces contrées granitiques, avec une taille moyenne de 1 m. 38, arrivent à peser moyennement 600 kilogrammes, et les vaches grasses 350 kilogrammes.

Avec l'abaissement de la taille, se manifestent le rétrécissement de la poitrine, l'amincissement des cuisses, la modification du pelage qui prend des nuances plus foncées, surtout dans la région de Saint-Chély où se rencontrent encore de petits animaux presque noirs, qui constituaient la variété dite *du Gévaudan*, actuellement presque disparue, et qui possèdent le summum de la rusticité.

L'aubrac s'étend plus ou moins pur dans les deux tiers est du département du Tarn, suivant une ligne partant de la limite qui sépare l'Aveyron du Tarn-et-Garonne et passant par Monestiès, Albi, Graulhet, Puylaurens et Revel.

Toutefois au sud-est, dans les cantons de Mazamet, Labruguière, Saint-Amans, Anglès, Brassac, Vabre et Lacaune, il existe une sous-race, connue sous le nom de race d'Anglès, qui ne comporte que quelques milliers de représentants, plus ou moins mélangés aux aubracs. Elle paraît être le résultat assez fixé d'un croisement entre l'aubrac et le schwitz. De longue date, les environs très fertiles et bien cultivés de Mazamet entretiennent une colonie assez importante de race schwitz.

Les animaux dits *d'Anglès* ont une très grande analogie comme aspect, conformation et aptitudes, avec les gascons. La robe n'en diffère que par une nuance argentée due au mélange très intime de poils noirs et de poils blancs. Les facultés laitières des vaches d'Anglès sont supérieures à celles des vaches d'Aubrac. Leur rendement en lait, d'un vêlage à l'autre, est rarement inférieur à 1,500 litres et s'élève fréquemment à 1,800.

L'élevage des animaux d'Angles n'a pris que fort peu d'extension et il n'est pas à présumer qu'il soit appelé à en prendre beaucoup, attendu que le rude climat des régions montagneuses, soit de la partie nord-est du Tarn, soit de la Montagne-Noire au sud, exige des animaux encore plus rustiques et endurants, tandis que, dans la plaine, l'élevage est presque nul et le bétail est renouvelé par importations constantes d'autres provenances.

Il semble d'ailleurs que, à mesure que l'agriculture réalise des progrès, l'aubrac lui-même perde du terrain, surtout au nord-ouest du département du Tarn, où les animaux de race salers importés sont de plus en plus en faveur.

Le poids net des bœufs gras d'Angles varie entre 700 et 850 kilogrammes; celui des vaches entre 450 et 500 kilogrammes.

Il convient de rattacher la population bovine dite *de la Montagne-Noire* à la race d'Aubrac, dont elle présente les principaux caractères : tête carrée, mais fine; cornes assez fortes et relevées, blanches à la base et noires aux extrémités; robe blaireau, plus ou moins nuancée; muqueuses noires, souvent auréolées de rose à l'anus et à la vulve. La taille est faible et l'avant-main est trop développée relativement au train postérieur, qui présente des hanches étroites; la peau est épaisse.

Ce sont des animaux sveltes, à tempérament nerveux, robustes et sobres, ayant un pied de fer; ils résistent parfaitement au rude et très variable climat de la Montagne-Noire, ainsi qu'aux pénibles travaux de cette région si accidentée.

Sur les 3,000 à 4,000 têtes qui occupent les cantons de Saissac et de Mas-Cabardès et le nord de celui de Castelnaudary, près des trois quarts présentent des signes de croisements. On a, en effet, introduit des reproducteurs d'Angles, tarins, schwitz, salers, gascons; ces derniers ont surtout exercé de l'influence sur divers points en donnant de l'élévation à la taille, une charpente osseuse plus forte, des membres plus puissants, un plus grand développement de la poitrine et des muscles, un peu plus de précocité et d'aptitude à l'engraissement.

C'est dans cette voie que marchent, depuis 1892, le département et la Société d'agriculture de l'Aude, par l'acquisition et la revente de taureaux purs gascons, renonçant aux tarentais, qui, essayés de 1880 à 1892, ne donnèrent que de médiocres résultats. Dans cette contrée, les veaux de boucherie, auxquels le plus souvent il faut donner le lait de deux vaches, tant elles sont peu laitières, et un supplément de nourriture de fèves et de son, ne sont livrés qu'à l'âge de 3 à 4 mois.

Les bouvillons, dressés au joug à l'âge de 2 ans et demi à 3 ans, sont vendus pour aller travailler dans la plaine, le travail de la montagne étant presque toujours exécuté par les vaches.

On ne fait pas d'engraissement dans la Montagne-Noire. Les vaches approchant au terme de leur carrière sont vendues amouillantes dans le Tarn. Grasses, elles pèsent de 400 à 450 kilogrammes. Les bœufs, toujours engraissés tardivement (10 à 12 ans) dans d'autres contrées que leur pays d'origine, pèsent de 550 à 700 kilogrammes, avec un rendement net de 51 p. 100 en moyenne.

RACE LIMOUSINE.

La race limousine, qui réunit si heureusement la double aptitude au travail et à la production de la viande de boucherie, intéresse de très importantes régions agricoles;

les unes pour l'élevage dont elle est l'objet; les autres par les animaux de travail et d'engraissement, qui leur sont fournis par ces pays d'élevage; d'autres, enfin, par l'introduction de reproducteurs, qui jouent le rôle d'améliorateurs d'autres races ou variétés.

La région d'élevage de la race limousine plus ou moins perfectionnée, plus ou moins voisine du type adopté comme le meilleur, s'est notablement agrandie dans le dernier tiers du xixᵉ siècle, spécialement au nord et à l'est de la contrée qui constituait son ancien habitat.

Dans les départements qui entourent celui de la Haute-Vienne (exclusivement peuplé par la race limousine, sauf un territoire très restreint, situé dans l'angle sortant que forme le canton de Saint-Sulpice-les-Feuilles), on peut donner pour limites à cette région : à l'ouest, une ligne partant de l'Isle-Jourdain (Vienne), pour passer dans l'arrondissement de Civray, à moitié distance entre Availles et Charroux et se diriger de là vers Saint-Claud et Chasseneuil (Charente).

Sur ce parcours, la race limousine se trouve en contact avec les animaux de Salers d'importation et ces deux races se pénètrent mutuellement sur une zone étroite, sans cependant donner lieu à des croisements.

A partir de Chasseneuil, la limite, après s'être infléchie quelque peu à l'ouest, pour englober les cantons de La Rochefoucauld, moins les communes de Jauldes, La Rochette et Coulgens, puis le canton de Montbron, pénètre dans la Dordogne, près de Marcuil-sur-Belle, se dirigeant à l'est sur Brantôme, puis Excideuil et Julliac, d'où elle reprend la direction sud-est vers Terrasson et Larche.

Sur tout ce trajet, la limite indiquée ne sépare pas les limousins d'une autre race, mais d'une contrée où l'élevage ne se fait pas, ou se fait seulement d'une façon accessoire, les spéculations animales portant sur l'élevage des jeunes animaux importés, surtout des bouvillons, leur affectation aux travaux agricoles et, enfin, leur engraissement.

Dans la Corrèze, le contact se produit avec la race de Salers dans une zone passant d'abord au nord de Meyssac et au sud de Beynat, arrondissement de Brives, puis remontant vers le nord-est par La Roche-Canillac, Moustiers-Ventadour, Egletons et Davignac. De ce point à la limite qui sépare la Haute-Vienne de la Creuse, en laissant le Bugeat un peu à l'ouest, c'est avec la race marchoise que le contact se produit.

Dans le département de la Creuse, la race limousine s'est avancée à l'est jusqu'à Felletin et Aubusson et a refoulé au nord les marchois jusqu'à une ligne passant au-dessus de Saint-Sulpice-les-Champs, pour se diriger vers Bénévent-l'Abbaye, gagner Saint-Sulpice-les-Feuilles, dans la Haute-Vienne, par la Souterraine et pénétrer quelque peu dans la Vienne au sud de la Trimouille et de Montmorillon. Dans cette dernière partie, les limousins disputent avantageusement le terrain aux parthenais et s'entremêlent aussi avec les bœufs de Salers d'importation.

L'ensemble de cette région d'élevage contient une population bovine limousine présentant, il est vrai, des variations notables comme qualité et même comme types, qui s'élève approximativement à 410,000 têtes d'animaux au-dessus de 6 mois et formant un poids vif total de 135,000 à 140,000 tonnes.

	têtes.		têtes.
Haute-Vienne	180,000	Dordogne	30,000
Corrèze	72,000	Vienne	22,000
Charente	55,000	Creuse	51,000

Les contrées d'importation des limousins, en tant que travailleurs et animaux d'engrais, sont avant tout le Périgord, où (à part la Double, pays à croisements mal définis, où domine encore le sang parthenais) ils occupent exclusivement toute la partie située au nord d'une ligne passant au sud de Mussidan, pour se diriger vers le Bugue et remonter au nord-est un peu au-dessus de Saint-Cyprien, Sarlat et Salignac.

Ce n'est pas qu'au sud de cette limite on ne rencontre pas encore un certain nombre d'animaux limousins; mais alors ils se trouvent mélangés avec ceux de la race garonnaise, que d'ailleurs ils refoulent de plus en plus, soit à l'état de pureté, soit à l'état de croisements.

A l'ouest, ils ont gagné beaucoup de terrain. Ils sont en grand nombre, bien que mélangés à des salers et à des parthenais, dans la partie du département de la Vienne située sur la rive droite de la rivière de ce nom. On y fait même quelque peu d'élevage.

On ne trouve guère que des limousins dans tout le territoire de la Charente, situé au sud du fleuve, et aussi dans la Charente-Inférieure, jusqu'à une limite suivant approximativement le chemin de fer de Saintes à Jonzac et s'infléchissant vers l'ouest, pour englober la plus grande partie du canton de Mirambeau. Enfin, dans la Gironde, les limousins occupent la contrée nord au-dessus d'une ligne allant de Saint-Savin à la rivière de la Drône, en laissant Coutras en dehors.

On ne sera pas loin de la vérité en portant à 250,000 le nombre de têtes de bouvillons et animaux de travail et d'engrais (bœufs en très grande majorité) de la race limousine qui existent sur ces divers points et en y ajoutant 50,000 têtes, réparties dans d'autres contrées, où l'on fait la spéculation de l'engraissement, soit à l'herbage, soit à l'étable. Le poids vif total de ces animaux de cette race peut être fixé aux environs de 255,000 à 260,000 tonnes.

C'est dans l'arrondissement de Limoges, où la race limousine a été la plus perfectionnée, que nous prendrons pour le décrire le type actuel de cette race. Pour cela, comme d'ailleurs pour tout ce qui la concerne dans la Haute-Vienne, nous n'aurons qu'à reproduire les renseignements fournis par notre distingué collaborateur, M. Reclus, professeur départemental d'agriculture.

Voici la description de la race :

Tête. — Assez légère dans son ensemble; ligne de chignon formant une saillie accentuée; front large, légèrement incurvé entre des bosses frontales saillantes; profil généralement droit, parfois légèrement camus; face triangulaire, ni aplatie, ni tranchante. La partie formée par les maxillaires est relativement étroite par rapport au front. Par la sélection, on cherche à raccourcir la tête le plus possible, tout en conservant de la largeur au front.

Cornes. — Rondes, solidement implantées, blanches ou blanc jaunâtre, sauf à l'extrémité qui est légèrement teintée. La coloration brune s'étendant sur toute la longueur des cornes et qui se retrouve encore accidentellement constitue une dépréciation des sujets, qui paraît coïncider avec le manque de finesse du cuir et une robe trop foncée.

Sensiblement horizontales à la base, les cornes sont très légèrement arquées en avant, avec les extrémités plus ou moins relevées.

On attache à cette bonne direction des cornes facilitant la fixation du joug à l'aide des lanières de cuir une réelle importance et on en tient grand compte dans le choix des reproducteurs.

Avec l'âge, l'extrémité de la corne a, parfois, tendance à s'infléchir vers le sol et rappelle alors le cornage des animaux garonnais.

En général, dans la région montagneuse, le cornage est plus érigé qu'ailleurs ; aussi désigne-t-on les bêtes à cornes très levées par le nom de *montagneuses*.

La corne des onglons doit être claire.

Taille. — La disproportion entre les sexes paraît être moins grande que pour beaucoup d'autres races. Pour les vaches la taille varie entre 1 m. 30 et 1 m. 40 et pour les taureaux entre 1 m. 35 et 1 m. 45.

Robe. — Couleur froment sans aucune tache, aussi restreinte soit-elle. Autrefois le froment clair était recherché ; mais la mode a changé et c'est le froment d'un rouge un peu vif et luisant qui a été adopté. On se met en garde contre le rouge un peu sombre et trop mat vers lequel tendent quelques taureaux.

Le dessous du ventre et la face interne des membres sont de nuance plus claire que le reste du corps, sans transition brusque. On s'attache à conserver la présence d'une auréole claire autour des yeux et du mufle, comme donnant à la physionomie des animaux plus de distinction.

Muqueuses. — Le mufle, les paupières, le pourtour des ouvertures naturelles, en un mot, toutes les parties où la peau apparaît doivent être d'une nuance rose uniforme, sans trace de pigment noir. Depuis une dizaine d'années, et comme conséquence de la création d'un livre généalogique, on élimine avec grand soin de la reproduction tous les animaux présentant soit quelque point de ce pigment, soit quelques poils bruns aux abords des lèvres, dans les oreilles ou à l'extrémité de la queue, comme indice d'une infusion ancienne de sang parthenais, venant de ce que, dans nombre d'étables, on avait jadis élevé des animaux issus des vaches de cette race qu'on a l'habitude d'y entretenir pour la production du lait nécessaire au ménage.

Les éleveurs se montrent très sévères à ce sujet, et les acheteurs y ajoutent de l'importance, même pour les transactions qui se font en foire.

Formes. — Squelette fin, avec extrémités courtes et légères, portant un système musculaire bien développé dans toutes les parties situées au-dessus du genou et du jarret. Le développement de la culotte est particulièrement accentué et caractérise bien la race.

Cuir. — Généralement souple, mais manquant parfois de finesse, surtout chez les jeunes animaux. Sous ce rapport de sérieux progrès ont été réalisés.

La race limousine a été depuis vingt ans l'objet d'améliorations réellement surprenantes, et le progrès, loin de se ralentir, ne fait que s'accentuer, s'étendant rapidement autour du centre par excellence de son élevage, qui est l'arrondissement de Limoges.

C'est que le Limousin a la bonne fortune de posséder une population agricole qui aime le bétail et que propriétaires comme métayers opèrent avec beaucoup de méthode, d'esprit de suite et d'habileté. « On a, dit M. Reclus, l'impression que l'on opère sur un terrain solide. »

D'autre part, les exigences des acheteurs d'animaux de travail et d'engraissement qui fréquentent les marchés du Limousin ont fait une obligation absolue aux éleveurs de la Haute-Vienne de veiller avec grand soin à la pureté de leur race. En foire, un animal taché est toujours un animal déprécié, aussi bien pour les acheteurs des Charentes et du Périgord que pour la boucherie parisienne, et c'est peut-être plus à ces exigences qu'à une préférence raisonnée pour telle ou telle méthode zootechnique qu'il faut attribuer les échecs des tentatives d'amélioration de la race par voie de croisements.

Ici, en effet, se place la question, l'éternelle question de l'infusion de sang étranger et surtout de sang durham. Les éleveurs limousins soutiennent énergiquement que c'est uniquement à la sélection et à un meilleur régime alimentaire, résultant des progrès extraordinaires réalisés dans la production fourragère, que sont dus les magnifiques résultats obtenus.

M. E. Teisserenc de Bort s'est fait l'ardent champion de cette thèse dans une brochure parue en 1889 et intitulée : *La vérité sur la race limousine.*

Ce n'est pas qu'il ne reconnaisse que (en dehors du sang parthenais, que l'élevage imprudent de veaux issus des vaches laitières avait pu infuser dans certaines étables à tout autre titre que celui de l'amélioration) on n'ait pas cherché, en Limousin, à obtenir celle-ci par l'introduction de reproducteurs d'autres races.

« Il y a une cinquantaine d'années, dit l'auteur de la brochure, quelques éleveurs des environs de Limoges, trouvant que les animaux de leurs étables laissaient à désirer au point de vue du développement, eurent l'idée d'acheter des étalons agenais. Les animaux issus de cette alliance étaient hauts sur jambes et péchaient souvent pour l'ampleur de la culotte. Leurs hanches étaient saillantes, leurs flancs plus grands, leurs cornes presque toujours infléchies vers le sol.

« Ces essais furent heureusement très limités, et au bout de peu de temps nos bons éleveurs, reconnaissant l'erreur commise, s'en furent chercher, dans les cantons où la race n'avait pas été altérée, des types de race pure pour revenir à l'ancien type.

« On peut affirmer, à cette heure, qu'il n'est plus entré, depuis trente ans, un seul reproducteur agenais dans aucune étable du Limousin. »

Nous sommes convaincus qu'on a eu raison de s'arrêter dans cette voie; mais peut-être n'avait-on pas eu tout à fait tort de chercher à donner plus de développement à la structure du limousin par le croisement avec une variété sœur, qui ne pouvait modifier sérieusement les caractères de robe, ni développer du pigment noir sur la peau.

Arrivant aux durhams, M. Teisserenc de Bort reconnaît « que, à l'enthousiasme, à la mode bien portée d'élever chez soi des shorthorns, la Haute-Vienne n'a pas pu résister.

« Les concours régionaux étaient créés et offraient aux éleveurs et importateurs des prix assez élevés pour les rémunérer de leurs sacrifices.

« MM. Lasserre, de Fombelle, Henri Michel, Daubin en profitèrent. Ils se livrèrent à l'élevage du durham et remportèrent dans les concours de boucherie et de reproducteurs de nombreuses récompenses, soit avec des pur sang, soit avec des croisements. Un de nos grands éleveurs avait même eu une idée assez ingénieuse : il avait organisé une étable de shorthorns blancs.

« Mais lorsque ces éleveurs ne purent plus lutter avantageusement dans les concours, ne trouvant plus de bénéfice réel à employer le durham en Limousin, ils l'ont abandonné et sont revenus à la race du pays. »

M. Teisserenc de Bort explique pourquoi les croisements essayés n'ont pas été continués : « Grâce aux essais qui ont été faits, tant au point de vue des concours de reproducteurs qu'à celui des animaux gras. nos éleveurs ont pu voir que l'infusion de sang durham imprime aux animaux qui en proviennent, non seulement un cachet particulier qui trahit immédiatement leur origine, mais aussi les rend plus délicats et *modifie profondément la nuance de leur robe*, introduit presque toujours des taches blanches dans le pelage et donne à la tête une apparence fumée.

«Le rouge du durham ne peut, quoi qu'on en dise, s'allier et se fondre dans la couleur froment de nos animaux.

«Nous savons, par l'expérience journalière, que les acheteurs de la Charente, de la Dordogne, etc..., veulent des sujets d'apparence robuste et rustique ; que tout animal d'un pelage différent ne trouve que très difficilement preneur, que toute tache déprécie nos bêtes très notablement.

«Les éleveurs qui avaient fait ces croisements étaient obligés, pour se défaire de leurs animaux, de les expédier directement au marché de Poissy. Pratiquer ces croisements aurait donc été contre notre propre intérêt.»

Nous sommes de l'avis de M. Teisserenc de Bort et concluons que, si les essais tentés par quelques rares éleveurs ont pu avoir une action, d'ailleurs très restreinte et contestable, dans un très faible rayon autour de leurs étables, on a tout fait pour l'annihiler complètement. Si cette action avait eu une influence quelconque, on ne constaterait pas dans les foires du Limousin cette uniformité réellement extraordinaire qu'y présente le bétail bovin et qu'on ne retrouve nulle part à un tel degré.

C'est donc bien à la sélection et au régime alimentaire que, outre les caractères spéciaux à la race, on doit une précocité très satisfaisante, la finesse du squelette mise en évidence par celle du cornage et de l'extrémité des membres, le développement musculaire de l'arrière-main, une ligne de dos large et bien soutenue, une notable diminution du fanon, l'ampleur du thorax par l'ouverture de la poitrine, le relèvement des côtes en arrière de l'épaule et l'écartement entre les lignes du dessus et du dessous réalisé par le rapprochement de cette dernière avec le sol. La bosse du cou a presque complètement disparu, même chez les vieux taureaux ; le rein a pris de la fermeté, le bassin de l'ampleur chez la vache ; une amélioration notable a été obtenue dans l'attache de queue, autrefois défectueuse, et la croupe dite *de mulet* passe heureusement à l'état d'exception.

L'intervention des racines fourragères dans l'alimentation d'hiver, la distribution de fourrages verts en plus grande abondance durant la belle saison, l'amélioration si remarquable des prairies fauchées et pâturées, l'accroissement de la valeur nutritive des aliments récoltés, par suite de l'emploi aujourd'hui très répandu de la chaux et des engrais phosphatés, ont constitué la base sur laquelle a été édifiée cette belle œuvre.

La possibilité de n'exiger des vaches qu'un travail modéré, mieux en rapport avec leurs fonctions économiques, par suite de l'accroissement très rapide des cheptels (sur nombre d'exploitations ils ont doublé et même triplé en quelques années), a eu comme résultat d'améliorer les aptitudes laitières et rien ne pouvait avoir de plus heureuses conséquences pour le progrès de l'élevage.

La vache limousine est, en effet, peu laitière ; la production en lait, d'un vêlage à l'autre, pour une durée de lactation de 7 à 8 mois, n'est pas de plus de 1,200 à 1,400 litres, soit une moyenne de 3 litres et demi à 4 litres par jour. La production d'une dizaine de litres après vêlage, augmentée du lait des vaches dont les veaux sont sevrés, pourrait être suffisante pour l'élevage des jeunes produits si, trop souvent encore, les cultivateurs ne prélevaient pas du lait soit pour la vente, soit pour les besoins du ménage. Il y a, toutefois, amélioration sensible des aptitudes laitières par suite d'un meilleur régime. Les vaches se laissent traire assez facilement, tout en ne s'y prêtant pas aussi bien que celles des laitières soumises plus régulièrement à la traite.

Les animaux restent en stabulation de novembre à mai ou juin. A partir de cette époque, ils sont conduits matin et soir sur les pacages que l'on ne fauche pas ou sur les regains de prairies. La règle est qu'ils couchent à l'étable.

Si l'élevage des reproducteurs de choix s'étend à tout l'arrondissement de Limoges, on peut dire qu'il est plus spécial à une zone d'une vingtaine de kilomètres autour de cette ville. Les étables réputées sont encore relativement rares dans les autres arrondissements, bien que l'élevage s'y améliore rapidement et que chaque année marque la création de quelques nouvelles étables pouvant figurer avec succès dans les concours. Actuellement le nombre des éleveurs de la Haute-Vienne prenant part aux concours spéciaux de Limoges s'élève à une centaine, parmi lesquels on compte beaucoup de petits cultivateurs des cantons de Limoges, Aixe, Nieul et Ambazac.

Depuis longtemps les efforts combinés du Ministère de l'agriculture, du Conseil général et des associations agricoles du département ont été plus particulièrement dirigés en vue des progrès de cet élevage.

Le budget départemental prévoit pour chacun des vingt-sept cantons trois primes de 100 francs attribuées aux meilleurs taureaux que les propriétaires s'engagent à livrer à la saillie, dont le prix est limité à 1 fr. 25. Sur leurs ressources spéciales et avec le concours de l'État et du département, les comices agricoles, au nombre de 23, font plus que doubler le nombre de ces primes aux bons étalons. Il y a une tendance heureuse, de la part de ces associations, à établir des primes de conservation aux taureaux âgés qui le méritent, et il n'est pas rare d'en trouver faisant la monte jusqu'à 4 ans et au delà.

En général ces primes sont bien attribuées par les éleveurs les plus compétents qui sont appelés à composer les jurys de comices.

On réclame l'augmentation du tarif de saillie en ce qui concerne les très bons taureaux.

En outre des primes aux taureaux, chacun des comices organise annuellement un concours où des récompenses sont affectées aux veaux, génisses et vaches.

Le concours départemental organisé à Limoges par la Société d'agriculture, le Syndicat de la race limousine et le Comice de Limoges, le mercredi qui précède le dernier jour d'avril (très importante foire du jeune bétail), ne réunit pas moins de 600 à 700 animaux, parmi lesquels dominent les génisses et les jeunes étalons mis en vente pour la reproduction. De plus, la Société d'agriculture a joint à son concours d'animaux gras, qui ne précède que de deux jours le concours général de Paris, une exposition de vaches limousines en lait et de jeunes étalons, qui devient chaque année plus importante.

Enfin le concours annuel spécial de l'État se tient fin septembre et groupe, tant en mâles qu'en femelles, une moyenne de 400 sujets d'élite.

C'est grâce à la multiplicité de ces concours, dont l'ensemble comporte 45,000 à 50,000 francs de primes, que l'excellent exemple donné au début par les grands éleveurs du Limousin est imité aujourd'hui par les métayers, les petits fermiers, les propriétaires cultivant eux-mêmes. Ils fréquentent très assidûment ces concours.

En 1886 fut créé le Livre généalogique de la race limousine. C'était beaucoup moins dans le but de lui conserver une pureté qui n'était pas compromise que pour aider les éleveurs à constituer des familles à généalogie bien connue et bien certaine auxquelles on pourrait s'adresser à coup sûr pour poursuivre l'œuvre d'amélioration. En même temps, la commission d'organisation a considéré qu'il était utile de saisir cette occasion pour fixer un type bien défini et répondant à la fois aux aspirations des éleveurs et aux exigences des acheteurs. La sévérité en ce qui concerne tant la bonne conformation que certains caractères extérieurs, tels que la netteté absolue des muqueuses, l'uniformité et la nuance de la robe, l'a amenée à éliminer de très bons animaux qui n'étaient pas absolument conformes au type adopté. S'y conformer rigoureusement lui a paru être une nécessité et, loin de regretter la qualification typique de *Commission des nez noirs* qui lui a été quelquefois appliquée, elle n'a eu qu'à s'en féliciter. Actuellement les cultivateurs sont les premiers à éliminer tout animal présentant la moindre trace de pigment.

Depuis 1888 il n'a pas été inscrit, tant au titre d'origine qu'après confirmation, moins de 3,360 animaux sur les registres très régulièrement tenus du Herd-book limousin.

Par suite des échanges très fréquents de bétail entre les différentes parties de la Haute-Vienne ; par suite, aussi, de l'uniformité assez générale de la nature de son sol et de son système de culture, les animaux sont dans leur ensemble très homogènes. Les différences qu'une observation attentive permet de constater ne portent en réalité que sur le degré d'amélioration et le plus ou moins de développement résultant d'une fertilité du sol plus ou moins grande et du niveau des progrès réalisés par la culture. Les formes sont plus grêles et plus enlevées dans la région montagneuse, plus étoffées et plus près de terre dans les vallées riches et sur les bons plateaux du centre et de l'ouest.

Dans trois des arrondissements de la Haute-Vienne (Limoges, Rochechouart et Saint-Yrieix), l'élevage est de beaucoup la spéculation dominante. Les cheptels y sont surtout constitués par des vaches, avec adjonction parfois, dans les forts domaines, notamment dans la région de Pierrebuffière, d'une ou deux paires de bœufs. Dans les trois quarts du département, l'engraissement ne porte que sur un petit nombre de vaches réformées ou de très jeunes animaux. Toutefois il y a une tendance marquée à donner de l'extension à l'engraissement des animaux élevés sur l'exploitation.

Dans l'arrondissement de Bellac, les cheptels comptent un plus grand nombre de bœufs, le plus souvent élevés sur les domaines et exécutant la plupart des travaux. On les engraisse sur place à l'âge de 4 ou 5 ans.

Les veaux de lait produits au centre et au midi du département sont utilisés, pour le plus grand nombre, à la consommation locale. Tous ceux qui proviennent de vaches laitières importées, qui sont surtout des parthenaises, reçoivent cette destination et ce n'est qu'exceptionnellement, et le plus souvent sans succès, qu'on élève les femelles pour en faire des laitières.

La région comprenant les cantons de Chateauponsac, Bessines et Laurière fait chaque année 5,000 à 6,000 veaux de lait abattus sur place et expédiés directement aux halles de Paris. Le plus souvent ils sont achetés dans les étables.

Nourris uniquement au lait jusqu'à l'âge de 2 mois et demi, ces veaux, dont la viande est très appréciée, pèsent de 75 à 120 kilogrammes et rendent de 62 à 63 p. 100 de viande nette.

La production des bouvillons et génisses pour l'élevage et le travail est de beaucoup la spéculation la plus importante. Bien que les naissances se répartissent sur toute l'année, il ressort de ce que l'activité des ventes des animaux à l'âge de 9 à 12 mois atteint son maximum d'intensité de février à mai qu'elles sont surtout très nombreuses de mai à septembre. Les produits destinés au commerce sont sevrés de 6 à 7 mois; mais ceux qui sont susceptibles d'être vendus comme reproducteurs ne le sont pas avant 8 mois.

Une partie des génisses ne sont vendues qu'à 17 ou 18 mois, après qu'elles ont été saillies. Parfois, quand il s'agit de bêtes de choix, dont on ne veut pas compromettre le développement, le premier veau est nourri par une autre mère.

Parmi les foires les plus importantes, en dehors des marchés indiqués ci-dessus pour la vente des jeunes étalons, il faut citer celles de Limoges, du dernier jeudi d'avril et du 22 mai, dite *de Saint-Loup;* celles de Saint-Léonard, les premiers lundis des mois de mars à mai; celles de Nexon, le 16 des mêmes mois; celle de Chalus, le 25 avril.

C'est à partir de 14 ou 15 mois que les jeunes taureaux sont livrés à la reproduction. La tendance est de les conserver le plus longtemps possible, quand ils le méritent; quelquefois, mais très exceptionnellement, jusqu'à 6 et 7 ans. D'autre part, les cultivateurs en sont arrivés, surtout dans la région de Limoges, à ne pas hésiter à s'imposer de longs déplacements pour conduire leurs bonnes vaches à des étalons réputés, qu'ils savent d'ailleurs parfaitement apprécier.

Les taureaux restent constamment à l'étable et jamais la saillie n'est faite en liberté au pâturage, à moins de cas fortuits.

Si les jeunes mâles destinés à faire des bœufs de travail dans la partie nord du département sont souvent bistournés plus tôt qu'autrefois (de 6 à 8 mois), ceux qui font l'objet de transactions avec les Charentes et le Périgord ne doivent pas l'être, car les marchands qui font ce commerce y tiennent essentiellement.

La castration n'est que très rarement pratiquée.

Le dressage des animaux de travail, bœufs ou vaches, commence habituellement à 2 ans. Il se fait sans difficulté, grâce à leur douceur naturelle et aux bons soins qu'ils reçoivent.

A beaucoup d'énergie et à une grande résistance, ces animaux joignent une allure assez vive et très sûre, même dans les chemins difficiles encore si fréquents dans la région montagneuse. Proportionnellement à leur développement, les vaches sont plus énergiques et plus alertes. L'endurance à la chaleur et aux mouches est très suffisante.

Les bœufs sont complètement développés entre 4 et 5 ans. A l'état de travail, c'est-à-dire maigres, leur poids moyen est de 600 à 650 kilogrammes. Il atteint au moins 700 kilogrammes dans la région du Dorat.

Le développement des vaches est complet à 5 ans. Elles pèsent alors de 450 à 500 kilogrammes. Ce poids est même souvent dépassé.

L'époque où les bœufs du Limousin n'étaient envoyés à la boucherie qu'entre 8 et 9 ans n'est pas encore bien éloignée. Au cours des trente dernières années il a été fait de grands progrès sous le rapport de la précocité.

Les bœufs de travail sont généralement engraissés entre 4 et 5 ans, le plus souvent sur les exploitations où ils ont travaillé, de même que pour les vaches réformées. Cet engraissement tend de plus en plus à devenir le complément de l'élevage. Quand, par suite de l'insuffisance de racines fourragères, les animaux réformés sont vendus, ils sont presque toujours achetés par des engraisseurs du département. Il y a lieu cependant de noter d'assez importantes expéditions de génisses dans le Sud-Ouest, où elles sont préparées pour la boucherie. On en engraisse, du reste, un grand nombre dans le département, entre 18 et 20 mois, pour la vente d'hiver et du printemps; la région de l'Est (Lyon et Saint-Étienne) constitue, pour ces génisses, un débouché très important. La vente des vieilles vaches grasses devient, au contraire, de plus en plus difficile et est généralement peu rémunératrice.

L'engraissement se fait surtout à l'aide de racines et de tubercules (raves, betteraves, topinambours, pommes de terre), avec addition de son, farineux, tourteaux. Les aliments sont distribués avec beaucoup de soin et de régularité. Le plus souvent les racines et les topinambours sont donnés en mélange avec des balles, menues pailles, fourrages hachés, après fermentation de vingt-quatre heures, et arrosés avec *l'eau de tourtelle*, c'est-à-dire l'eau dans laquelle on a délayé les tourteaux.

Pour les animaux gras, les moyennes du poids vif, du rendement en viande et du poids du cuir sont :

	POIDS VIF.	RENDEMENT.	CUIR.
	kilogr.	p. 100.	kilogr.
Bœufs	700 à 800	58	48
Vaches	480 à 550	52	40
Fortes génisses	400	60	32

Le poids vif et surtout le rendement sont sensiblement plus élevés pour les animaux expédiés sur Paris, dont la qualité moyenne est notablement supérieure à celle du bétail abattu pour la consommation locale.

Il n'est pas sans intérêt de rappeler que le poids vif moyen de douze bœufs présentés au Concours général de Paris, en 1899, ressortait à 884 kilogrammes et celui des vaches à 664; que, d'autre part, des rendements variant entre 65 et 69 p. 100 ont été constatés pour des bœufs de concours.

Suivons maintenant la race limousine dans les départements voisins de la Haute-Vienne.

Dans la partie de la Vienne où elle tend à se substituer aux parthenais et surtout aux salers, on la trouve partout où des progrès sérieux ont été réalisés au point de vue de la production fourragère. Quand ces progrès se seront généralisés, toute la partie est de l'arrondissement de Montmorillon, de Saint-Savin à Lussac, et de là aux confins de la Charente, en suivant la vallée de la Vienne, deviendra un prolongement de la région d'élevage des animaux limousins.

Dans le Confolentais, où cet élevage a une grande importance et date de loin, les progrès ont été très sensibles, bien qu'il y en ait encore de considérables à réaliser. Les taureaux y ont encore le cou épais, court, charnu sur le dessus; les fanons sont trop développés; la ligne de dos laisse trop souvent à désirer et l'attache de queue, sur une croupe trop longue, est fréquemment défectueuse.

Si un grand nombre de jeunes taureaux sont importés des environs de Limoges; si le Comice agricole de Confolens poursuit avec persévérance l'amélioration du bétail par l'attribution de prix spéciaux aux meilleurs reproducteurs de chaque canton, avec obligation pour les propriétaires de les conserver au moins deux ans comme étalons, l'excès de travail qu'on demande aux vaches nuit à leur conformation et diminue dans de fortes proportions, pour le bon développement des veaux, une production de lait naturellement peu élevée.

D'autre part, la quantité et la qualité des fourrages n'ont pas progressé aussi rapidement que dans la Haute-Vienne. Enfin les taureaux, fussent-ils très bons, ne sont que très rarement conservés comme reproducteurs au delà de 2 ans et demi.

La taille des animaux du Confolentais est moyennement la même que celle des animaux de la Haute-Vienne. On estime que le poids des vaches a augmenté d'un huitième depuis cinquante ans et que le rendement des animaux gras a augmenté de 5 à 6 p. 100. Il y a aussi un gain très appréciable en précocité.

En dehors de la contrée charentaise d'élevage, c'est comme animaux de travail que sont entretenus les limousins importés constamment, à l'âge de 12 à 14 mois pour les bouvillons, et de 15 à 18 mois pour les génisses. Les premiers figurent en très grande majorité dans ces importations. Toutefois, dans la partie des arrondissements de Barbezieux et de Jonzac qui n'est pas calcaire, les vaches sont en assez grand nombre; mais, au lieu d'élever les veaux, on se livre, spécialement dans les cantons de Chalais, Montmoreau, Aubeterre et Brossac, à leur engraissement jusqu'à l'âge de 2 mois et demi à 3 mois. Souvent on leur fait téter deux vaches et ils arrivent à peser de 120 à 140 kilogrammes.

Les bouvillons, bistournés par leurs acheteurs peu de temps après l'importation, sont dressés au joug à partir de 18 mois.

Pour le travail, en saison chaude on se contente de leur mettre sur le front, couvrant les yeux, une sorte de filet à franges, appelé *mouchettes*.

Les bœufs d'importation atteignent une taille plus élevée dans la région calcaire qu'ailleurs : 1 m. 45 en moyenne. Leur poids, à entier développement, est de 650 à 700 kilogrammes.

L'engraissement se fait le plus généralement par le cultivateur lui-même et à l'étable. Quelques-uns, cependant, sont achetés par des engraisseurs des cantons de Larochefoucauld, Angoulême et Montbron. Le plus souvent, c'est quand les bœufs arrivent à l'âge de 4 ans qu'on les met à l'engraissement, pour lequel les topinambours jouent un rôle très important.

N'ayant pas été soumis à des travaux très pénibles et ayant toujours reçu une alimentation très substantielle, les bœufs sont vendables à la boucherie au bout d'un laps de temps variant de 3 à 6 mois. Leur poids moyen est alors de 850 kilogrammes et le rendement en viande de 55 à 60 p. 100.

Le couchage des animaux à l'étable est de règle générale.

La partie nord-ouest du département de la Dordogne où on fait de l'élevage serait plutôt un peu moins en progrès que le Confolentais. On trouve encore dans le sud-ouest du Nontronnais des animaux révélant des croisements anciens, soit avec des garonnais, par le fait d'un cornage infléchi et d'un pelage plus clair, soit avec les vaches parthenaises, par l'existence de taches noires au mufle et aux ouvertures naturelles.

Il y a une proportion notable d'animaux à ossature grossière et à muscles insuffisamment développés.

Néanmoins la préférence donnée par le commerce aux animaux précoces se rapprochant le plus du bon type limousin, bien plus que les quelques encouragements donnés par un comice peu fortuné, mais cependant affilié au Syndicat d'amélioration de la race limousine, a forcé les agriculteurs, malgré leur résistance, à diminuer la puissance motrice de leurs animaux, à réaliser de sérieux progrès sous le rapport de la finesse et de la précocité. Ces progrès ont été facilités par l'augmentation des ressources fourragères. On a donné beaucoup d'extension à la culture des raves, des choux-fourrages, des topinambours, des betteraves.

Mais on peut encore reprocher aux agriculteurs de cette région d'entretenir un cheptel plus nombreux que celui qui serait bien en rapport avec les ressources d'alimentation dont ils disposent.

Un petit nombre d'éleveurs ont importé, depuis quelques années, d'assez bons taureaux. Ces importations sont d'autant plus fructueuses qu'on a l'habitude de conserver les taureaux jusqu'à l'âge de 3 ans et demi et 4 ans, en les maintenant à l'étable.

On pratique dans le nord du Nontronnais et les confins de la Haute-Vienne une spéculation bien particulière, celle des veaux gras de 10 à 15 mois, demandés par le commerce de Lyon et de Saint-Étienne. Ces veaux ne doivent pas être châtrés, la saveur de leur viande étant plus appréciée dans ces conditions. Le poids moyen de ces veaux, vendus d'octobre à mars, est de 250 à 280 kilogrammes. Ils sont nourris à satiété; tant qu'il y a du regain, on le leur donne en vert; puis on termine par des buvées de choux, farine de maïs, etc., des racines, des tourteaux.

La spéculation des génisses grasses, très répandue également, a l'inconvénient de retarder les progrès de l'élevage dans cette contrée, en faisant disparaître des animaux de choix.

Toute la partie centrale de la Dordogne est peuplée de bœufs limousins, importés jeunes et non bistournés, du mois de mars au mois d'août de chaque année, par les commerçants appelés vulgairement *bouratiers*.

Pour les cantons de l'est (Excideuil, Hautefort, Terrasson, Savignac), ces importations proviennent moins de la Haute-Vienne que de la Corrèze.

Nous avons dit qu'il fallait distraire de cette région toute la Double, pays de terres pauvres situé à l'est de Ribérac, entre les rivières de l'Isle et de la Dronne, où dominent les vaches d'origine parthenaise plus ou moins croisées et qui donnent lieu à une importante production de bons veaux de boucherie dus à la saillie de taureaux limousins. Ces veaux, très appréciés pour la blancheur de leur viande, sont vendus à l'âge de 2 mois, après avoir été allaités par deux vaches une partie du temps.

La caractéristique pour l'élevage des bœufs importés dans la partie centrale de la Dordogne est le changement très fréquent de propriétaires depuis le dressage jusqu'au moment où, ayant atteint leur complet développement, ils sont mis à l'engrais.

Dans les cantons où l'engraissement est le plus perfectionné et qui sont ceux de Brantôme, Mareuil, Saint-Astier, Mussidan, Excideuil, Thiviers, Savignac-les-Églises et Périgueux, les engraisseurs achètent les bœufs entre 3 et 4 ans et, après les avoir fait travailler légèrement, les vendent gras à l'âge de 4 et 5 ans. Ailleurs cet engraissement ne se fait qu'entre 5 et 6 ans.

Ce sont les animaux introduits dans la partie calcaire du département qui atteignent le plus grand développement, en même temps que leur robe s'éclaircit. Aussi, c'est surtout dans les cantons de Saint-Pierre-de-Chignac, Saint-Astier, Villamblard, Vergt,

Saint-Alvère et Le Bugüe qu'on trouve des bœufs de forte taille et très résistants au travail.

Dans les exploitations d'une certaine importance, on pratique deux engraissements chaque année : le premier pendant le printemps et l'été avec un peu de foin, des fourrages verts, des feuilles de betteraves cuites, auxquels on ajoute du son; l'autre pendant l'automne et l'hiver, en ajoutant au foin et au regain des betteraves, des raves cuites, du son et, vers la fin, de la farine de maïs. L'engraissement dure 4 à 5 mois.

Le poids moyen des bœufs gras est environ de 800 kilogrammes, avec augmentation de 6 p. 100 dans la dernière moitié du siècle. Le rendement en viande nette varie de 58 à 62 p. 100 et le cuir décorné pèse de 46 à 52 kilogrammes.

Dans la vaste contrée comprise entre les coteaux qui limitent le côté droit de la vallée de la Dordogne, de Vélines à Sarlat, et ceux qui dominent la vallée de la Garonne, également sur la rive droite, de Monségur (Gironde) à Caussade (Tarn-et-Garonne), en passant par Seyches, Castelmoron, Puymirol, Moissac et La Française, contrée où le fond de la population bovine est d'origine garonnaise, l'élevage s'est profondément modifié par l'introduction constante et de plus en plus accentuée de taureaux limousins.

L'appellation de *garonnais des coteaux*, donnée aux animaux de cette contrée par amour-propre régional, ne peut faire illusion sur la cause de cette modification qui est une réelle amélioration. Elle s'est d'ailleurs produite sous la pression du commerce des bestiaux qui, depuis longtemps, donne la préférence aux animaux croisés limousins au point de vue de la boucherie.

Au nord de la région d'élevage du Limousin, cette race pénètre peu à peu dans l'Indre jusqu'à Argentan, Saint-Gaultier, Aigurande, et dans la Creuse jusqu'à Bonnat, au nord de Guéret. En concurrence avec les charolais, elle finira par éliminer les marchois.

RENDEMENT D'UN BOEUF LIMOUSIN DE 47 MOIS
AYANT OBTENU UN PREMIER PRIX DANS UN CONCOURS GÉNÉRAL D'ANIMAUX GRAS.

Taille.	1ᵐ 54	Pieds et patins.	13ᵏ
Poids vif	1,010ᵏ	Canard.	4
Poids des quatre quartiers.	660ᵏ	Poumons et cœur	9
Rapport au poids vif.	66.138 p. 100	Foie et rate.	12
Poids du suif.	116ᵏ	Langue.	6
Rapport au poids vif.	17.365 p. 100	Sang.	30
Poids du cuir et cornes.	86ᵏ	Intestins, excréments, déchets.	96
Rapport au poids vif.	9.880 p. 100		

RACE GARONNAISE.

Les caractères de la race garonnaise sont décrits ainsi qu'il suit dans les programmes de ses concours spéciaux :

Race mixte de travail et d'engrais.

Taille élevée et forte corpulence; robe froment variant du clair au foncé, sans tache blanche, noire ou rouge; généralement de nuance plus claire sur le dos et les autres parties supérieures du corps.

Tête de longueur moyenne, à profil droit et à face triangulaire; cornes blanches ou légèrement teintées de jaune avec la pointe dirigée vers la terre, tour des yeux généralement très lavé, presque blanc; mufle, vulve et anus de couleur rosée. Plat intérieur des cuisses régulièrement blanc ou presque blanc.

Absence complète de poils noirs au toupet, aux paupières, à la queue, aux oreilles, au toupillon du fourreau et aussi de plaques noires sur les muqueuses et sur la langue.

En ce qui concerne les cornes, il y aurait lieu d'ajouter qu'elles sont longues et à section nettement ovale. La direction tombante qu'elles prennent, après s'être écartées latéralement du front sur une assez grande longueur, oblige à scier l'une d'elles pour permettre le liage au joug, du côté où a lieu le contact des deux animaux d'attelage. Il arrive aussi fréquemment que la corne se recourbe à son extrémité, de telle sorte que la pointe vient toucher la face. On est alors dans l'obligation de la raccourcir pour qu'en poussant elle n'y pénètre pas.

Les efforts très sérieux faits pour améliorer la race garonnaise ne remontent pas encore assez loin pour que, dans l'ensemble, certains défauts de conformation aient disparu. Ils consistent surtout dans la grossièreté de l'ossature, la longueur de membres lourds, la disproportion entre le développement des muscles et la taille très élevée des animaux. Les bœufs de 1 m. 65 sont nombreux et on en voit encore qui atteignent 1 m. 75. Il est vrai qu'ils sont de plus en plus rares. Leur allure est lente et, s'ils sont puissants pour le travail du sol, leurs pieds trop tendres ne leur permettent pas de longues marches sur route.

Si tous les animaux appelés garonnais l'étaient réellement, ils formeraient une population considérable de 365,000 têtes environ, répartis dans six départements et formant un poids total de 122,000 tonnes environ.

Lot-et-Garonne.. 130,000 têtes.
Dordogne.............................. 100,000
Tarn-et-Garonne... 90,000
Gironde... 50,000
Haute-Garonne... 5,000   .

Mais l'infusion progressive et de plus en plus accentuée du sang limousin, qui s'associe si bien avec celui du garonnais, a diminué dans de telles proportions le nombre des animaux ayant nettement conservé les caractères distinctifs de la race, spécialement la direction et la forme des cornes ainsi que la nuance de la robe, qu'il serait bien difficile de fournir des chiffres même très approximatifs.

Actuellement l'élevage du vrai garonnais est limité à la vallée de la Garonne, de la Réole à Moissac; il a son centre le meilleur dans l'arrondissement de Marmande et tout spécialement à Meilhan.

Jusqu'en 1895 les sacrifices importants faits par le département du Lot-et-Garonne pour l'amélioration de l'espèce bovine n'avaient pas donné de grands résultats. Il consacrait pourtant une somme annuelle de 12,000 francs depuis plus de soixante ans à des concours cantonaux de taureaux, dans lesquels deux primes de 200 francs et de 150 francs étaient attribuées aux deux meilleurs animaux de chaque canton et payées entièrement au bout de quatre mois, après justification qu'ils avaient été mis à la disposition des cultivateurs pour la reproduction.

Mais ces attributions de primes étaient faites sans qu'il y eût un programme bien précis en vue d'une amélioration méthodique.

Depuis 1895, le Conseil général a adopté un système tout différent et bien préférable. Il met chaque année à la disposition d'une commission composée d'hommes très compétents une somme de 15,000 francs pour faire, jusqu'à épuisement total des crédits, dans les meilleures étables l'acquisition de taureaux de choix destinés à être revendus aux enchères publiques. C'est le canton de Meilhan, où depuis longtemps l'élevage des garonnais était fait avec le plus d'intelligence et de méthode, qui a fourni les meilleurs éléments pour ces acquisitions. Les éleveurs ont vite compris l'intérêt qu'ils avaient à produire des animaux conformes au type perfectionné qu'on leur proposait, réunissant les aptitudes au travail et à la production de la viande. En grand nombre ils sont entrés dans la voie de la sélection, en même temps qu'ils ont amélioré leurs procédés d'élevage, demandant moins de travail aux vaches en gestation, sevrant les élèves moins hâtivement, les nourrissant mieux dans la première période de leur existence. Il est vrai de dire que les exigences du commerce du bétail ont été un grand stimulant pour les éleveurs.

Le commerce, en effet, délaissait de plus en plus les grands bœufs garonnais osseux et médiocrement viandés au profit des bœufs se rapprochant du type limousin, plus petits, plus près de terre, mieux musclés. Aussi les croisements garonnais-limousins, très appréciés, s'étaient-ils multipliés de plus en plus. Sur toute la rive droite de la Dordogne, jusqu'à Bergerac et au delà d'une ligne se dirigeant vers Penne (Lot-et-Garonne), La Française (Tarn-et-Garonne), pour aller rejoindre Montauban, on ne trouve plus guère que ces croisements. Ils sont très nombreux dans toute la région des coteaux qui s'étend au nord de la vallée de la Garonne et on en trouve même dans les coteaux qui bordent le sud de cette vallée.

En somme, l'amélioration de la race garonnaise se poursuit parallèlement de deux façons différentes, par le croisement avec le limousin et par la sélection. Le but poursuivi dans ce second système est de se rapprocher de plus en plus du type limousin : robe plus foncée que celle de l'ancien garonnais; ossature plus légère; jambes plus courtes; pieds à onglons moins écartés et plus résistants; tête moins allongée et moins lourde; muscles des cuisses plus développés; ensemble mieux suivi.

Les derniers concours spéciaux de la race garonnaise témoignent des remarquables progrès réalisés en quelques années. Ils ont dépassé tout ce qu'on pouvait espérer.

Il n'est pas sans intérêt d'entrer dans quelques développements sur le fonctionnement de la Commission d'achat et de vente des taureaux.

Elle est composée de deux conseillers généraux, d'un délégué du préfet, d'un éleveur, du vétérinaire départemental et du professeur d'agriculture.

Elle fait ses achats tous les mois à la foire de Sainte-Bazeille et, en mai et septembre, aux concours de Meilhan et Marmande, quand elle y trouve des sujets de valeur.

Le prix des taureaux achetés est celui du marché, avec une plus-value allant jusqu'à 100 francs, suivant la qualité de l'animal.

Le vendeur s'engage à conserver et bien soigner le taureau pendant un délai de vingt-quatre jours au plus.

Lorsque le jour et le lieu de la revente sont décidés, il en est avisé par la préfecture et il doit se mettre en mesure de faire arriver l'animal au jour et à l'heure indiqués dans la localité désignée, qui est toujours celle où un propriétaire a fait une demande de taureau.

Ce propriétaire est tenu de le faire prendre à la gare la plus proche de la commune où doit se faire l'adjudication et de le conduire pour le présenter à la vente publique

M. de Lapparent.

8

annoncée par affiches et par avis du préfet publié par tous les journaux locaux et régionaux.

Les frais de transport par chemin de fer sont payés sur le crédit départemental.

Lorsque le taureau est adjugé à un autre éleveur qu'à celui qui l'avait demandé, ce dernier reçoit une indemnité pour le dérangement que la Commission lui a imposé.

L'adjudication a lieu dans une salle de la mairie à l'extinction des feux.

Les enchères sont de 5 francs.

S'il n'y a pas eu enchère, le taureau est mis en fourrière chez un propriétaire de la localité, à raison de 2 francs par jour, jusqu'à nouvelle adjudication dans une autre localité.

Le cas se présente rarement, parce que la Commission ne présente un taureau à la vente que lorsqu'il lui a été demandé par un éleveur. La demande verbale ou écrite ne l'engage pas dans la pratique.

La Commission ne peut d'ailleurs prendre d'autre engagement que de mettre un taureau en vente, dans une localité déterminée, le plus tôt possible.

La Commission spéciale d'adjudication se compose du conseiller général du canton, du maire de la commune et du professeur départemental d'agriculture représentant la Commission départementale.

La mise à prix est fixée au tiers du prix d'achat. Les frais d'adjudication, qui sont payés immédiatement par l'adjudicataire, se composent : 1° d'un droit fixe de timbre de 2 fr. 40; 2° d'un droit proportionnel de 2 fr. 50 p. 100.

Le prix du taureau est payé au percepteur.

S'il survient à un taureau ainsi vendu un accident ou une maladie forçant à le revendre, la Commission est autorisée à payer à l'étalonnier la différence entre le prix d'adjudication et celui de la vente à la boucherie.

Si le taureau devient méchant ou impuissant, l'étalonnier prévient la préfecture ; une délégation va constater le fait et réforme l'animal, s'il y a lieu. A partir de ce moment, l'adjudicataire peut vendre ou faire bistourner l'animal. Son traité avec le département est rompu.

Indépendamment de ces adjudications, la Commission est autorisée à approuver des taureaux. Le propriétaire d'un taureau approuvé reçoit une prime annuelle variant de 70 à 200 francs suivant la qualité de l'animal.

Les propriétaires de taureaux approuvés sont soumis aux mêmes obligations que ceux des taureaux achetés en adjudication.

Lorsqu'un taureau départemental a achevé son année de monte réglementaire et qu'il est encore en état de faire un bon service, son propriétaire est autorisé à le garder dans les mêmes conditions qu'avant l'expiration du délai, et il reçoit une prime mensuelle de 12 francs. Si le taureau a une grande valeur comme reproducteur, cette prime peut être majorée par la Commission.

Cette organisation très bien comprise pourrait servir de base dans d'autres départements.

On peut se demander s'il n'aurait pas été plus simple et plus économique de laisser se faire tout naturellement l'amélioration des animaux garonnais par les croisements avec les limousins, puisque nombre d'éleveurs l'avaient adopté d'eux-mêmes et que les résultats en étaient excellents.

Mais, outre la question d'amour-propre, très naturelle de la part des éleveurs de la race garonnaise, il y avait un intérêt réel à procéder par sélection dans son principal centre d'élevage, afin de ne pas amoindrir ses qualités propres, c'est-à-dire sa puissance de travail due à sa grande taille, à son ossature et sa résistance aux chaleurs estivales. En effet, certaines contrées, telles que le Médoc, qui constituent un important débouché aux gros bœufs garonnais, parce qu'on persiste à s'y servir de charrues exigeant une puissance exagérée, commencent à se plaindre de ne plus en trouver d'assez forts.

Enfin, pour compléter les mesures propres à maintenir et à améliorer les races, un livre généalogique interdépartemental (Lot-et-Garonne, Gironde et Tarn-et-Garonne) vient d'être fondé.

Un des buts à poursuivre sera d'augmenter les aptitudes laitières des vaches, qui sont très médiocres. Non seulement la production journalière est très faible, mais la durée de lactation ne va pas à plus de 4 à 5 mois. En sorte que la production laitière d'un vêlage à l'autre, en moyenne, ne dépasse pas 1,000 litres.

Il est juste de dire que la garonnaise, excellente travailleuse, n'est l'objet d'aucun ménagement sous ce rapport, même dans la période où elle allaite son veau, bien que la production des veaux de boucherie soit une des spéculations les plus importantes de la contrée.

Les génisses sont saillies de 18 mois à 2 ans.

Les taurillons sont châtrés à 1 an.

Le dressage des uns et des autres se fait d'abord à la charrette, aux environs de la deuxième année, puis au labour à 3 ans.

En hiver, les animaux sont munis d'une couverture en toile non seulement au travail, mais encore au pâturage.

Le développement des bœufs garonnais n'est complet que vers la sixième année. Le plus souvent, quand ils atteignent cet âge, ils ont passé en un grand nombre de mains.

Sauf dans quelques localités privilégiées sous le rapport de la production des fourrages, l'engraissement est peu pratiqué dans la région d'élevage d'animaux garonnais, et, là où on le pratique, il se réduit à une simple mise en chair; en sorte que le poids vif moyen est de 800 à 900 kilogrammes, avec un rendement en viande de 50 p. 100.

Mais lorsque l'engraissement des bœufs exportés, spécialement dans la Dordogne, est bien fait et poussé assez loin, le poids de 1,000 kilogrammes est facilement atteint et même dépassé, avec un rendement moyen de 55 à 58 p. 100.

RENDEMENT D'UN BOEUF GARONNAIS DE 6 ANS PRIMÉ DANS UN CONCOURS GÉNÉRAL.

Taille	$1^m 60$
Poids vif	$1,190^k$
Poids des quatre quartiers	804^k
Rapport au poids vif	67.56 p. 100
Poids du suif	105^k
Rapport au poids vif	8.82 p. 100
Cuir	75^k
Rapport au poids vif	6.30 p. 1
Pieds et patins	12^k
Canard	5
Poumons et cœur	11
Foie et rate	12
Langue	6
Sang, intestins, déchets	160

8.

RENDEMENT D'UN BOEUF GARONNAIS–LIMOUSIN PRIMÉ DANS UN CONCOURS GÉNÉRAL,
ÂGÉ DE 4 ANS ET DEMI ET MESURANT 1ᵐ 55.

Poids vif	1,000ᵏ	Pieds et patins	12ᵏ
Poids des quatre quartiers.	636ᵏ	Canard	5
Rapport au poids vif	63.60 p. 100	Poumons et cœur	9
Suif	100ᵏ	Foie et rate	12
Rapport au poids vif	10.00 p. 100	Langue	2
Cuir	61ᵏ	Sang, intestins, issues	160
Rapport au poids vif	6.00 p. 100		

RACE BAZADAISE.

La race de travail et de boucherie connue sous le nom de *bazadaise* occupe dans la Gironde toute la contrée située à l'ouest d'une ligne partant de Castelneau-de-Médoc, puis contournant les vignobles de Pessac, la Brède, Podensac et Langon. Cette ligne passe ensuite au nord d'Auros et pénètre dans le Lot–et–Garonne pour se diriger vers Casteljaloux, en contact et en croisement avec la race garonnaise. Dans le département des Landes, on ne la trouve sans mélange qu'au nord de Parentis, Pissos et Sore; mais elle se trouve, soit pure, soit en croisement avec les races marine et béarnaise, jusqu'à Sabres, Labrit, Villeneuve-de-Marsan, Cazaubon, Gabarret et Sos.

La population bovine bazadaise représentant bien l'ensemble des caractères de la race peut être évaluée à 30,000 têtes, dont les deux tiers dans la Gironde.

La zone reste stationnaire parce que, comme animaux de travail, les bazadais ne sont réellement utilisables que dans les sols de consistance moyenne, faute de taille et de poids. Mais, dans la région des bois landais, ils sont remarquables pour le débardage, par leur allure rapide, leur adresse, leur sobriété, leur résistance à la chaleur. Toutefois, il faut les abriter en toute saison, spécialement contre les mouches en été, au moyen d'une couverture en toile et d'un filet sur la tête.

Voici la description des caractères de la race bazadaise adoptés pour servir à l'inscription des animaux dans un livre généalogique créé en 1896 et pour lequel, il faut le reconnaître, les éleveurs ont montré peu d'empressement, puisque en janvier 1901 il n'y avait encore que 36 taureaux et 42 vaches inscrits.

Notre correspondant nous fait remarquer que la commission s'est montrée très sévère dans le choix des sujets à inscrire soit à titre d'origine, soit à titre de conformation. Il ajoute que la décision prise de ne donner de subventions que pour les étalons inscrits permet d'espérer que les éleveurs se décideront à faire inscrire leurs meilleurs sujets.

Taille. — Varie de 1 m. 43 à 1 m. 47.

Robe. — Celle du taureau est charbonnée ou gris foncé, avec des pommelures de teinte plus accentuée. Celle de la femelle est généralement plus claire, grise et souvent nuancée de couleur froment très atténuée.

Les veaux naissent avec le poil froment et ne prennent la teinte caractéristique de la race qu'après le sevrage et même plus tard.

Tête. — Le crâne est brachycéphale — la tête est large, plutôt courte — le front a de l'ampleur, il est un peu bombé chez le taureau, mais sensiblement creusé chez la femelle, entre les orbites qui sont saillantes. Le front et le chanfrein sont, en général, d'une couleur plus foncée que le reste de la robe; il en est de même du couronnement de l'encolure.

La protubérance occipitale entre les cornes est légèrement accentuée.

Les yeux sont bien sortis, grands et entourés d'une auréole légèrement rosée et garnie de poils gris très clairs.

Le mufle est rosé et doit être dépourvu de taches noires, celles-ci indiquant un croisement avec la race gasconne.

La bouche est petite; néanmoins les branches de la mâchoire inférieure sont suffisamment écartées.

Cornes. — La cheville osseuse, forte à la naissance, est à section ovoïde; les cornes sortent horizontalement de la tête pour s'abaisser légèrement dès l'âge de 13 à 14 mois; tantôt elles affectent la forme d'un croissant, tantôt elles se relèvent à l'extrémité, mais jamais à partir de la base comme cela existe dans les races gasconne et béarnaise; la couleur en est jaune cire avec les pointes brunes.

Les oreilles sont basses, épaisses, garnies de poil gris ou noir à l'intérieur (les poils fauves constitueraient un signe de bâtardise rappelant le garonnais ou le béarnais).

La physionomie est douce et intelligente.

L'encolure est courte, vigoureuse; le fanon peu prononcé; à la partie supérieure du cou, chez les taureaux de 2 ans, on observe quelques replis de la peau.

Le garrot est épais, souvent un peu bas; en arrière du garrot, on remarque assez fréquemment une légère dépression de la poitrine.

L'épaule est sortie.

Les côtes sortent horizontalement de la colonne vertébrale, mais s'abaissent quelquefois trop brusquement.

La poitrine est large et profonde.

Le dos est droit, le rein court, large et bien soutenu.

La croupe s'élève trop souvent à partir du sacrum.

Les hanches, sorties sans exagération, n'ont rien de disgracieux.

La queue est attachée, d'une manière générale, trop en avant; elle ne s'élève néanmoins pas beaucoup au-dessus du niveau de la croupe; elle est large à sa naissance; elle descend rarement au-dessous du jarret; son extrémité est fine.

Cuisses et fesses. — Elles sont arrondies, pleines et largement musclées jusqu'aux jarrets. Le plat des fesses et la partie interne des cuisses affectent une teinte claire et brillante dont les contours sont parfaitement limités.

Les muqueuses de l'anus et de la vulve doivent être dépourvues de toutes taches noires.

Les testicules sont bien détachés, sans développement exagéré. Les bourses ont une couleur chair ou grise. Le fourreau est peu prononcé.

Les mamelles sont charnues, d'un volume moyen et recouvertes de poil très clair et rare.

L'ossature est fine.

Les membres sont secs, fins, à canon court.

Le pied est petit. La corne en est très résistante et de couleur foncée. Les aplombs sont parfaits, l'allure vive et dégagée.

La peau est fine, souple, bien détachée et luisante; les poils sont couchés et doux au toucher. Ceux qui recouvrent le ventre sont de nuance plus claire que ceux des autres parties du corps. Ils ne doivent jamais former de taches blanches ou fauves.

Tempérament vigoureux et résistant.

Les taches noires au mufle, aux testicules, à la vulve ou à l'anus, les poils fauves à l'intérieur des oreilles, ainsi que les agglomérations de poils blancs ou noirs constituent des signes d'impureté.

Pendant un certain temps, il y a eu tendance à trop affiner la race dans le centre d'élevage considéré comme le meilleur et le plus important et qui comprend les territoires de Bazas et des communes environnantes. On risquait de diminuer les aptitudes au travail en rabaissant la taille, en visant surtout à produire des animaux de boucherie.

On réagit depuis quelques années contre cette tendance, qui a eu pour résultat, il faut le reconnaître, de rectifier les formes et d'augmenter la précocité.

On ne fait pas d'engraissement proprement dit des veaux; les femelles sont le plus souvent conservées et saillies à 2 ans. Les mâles qui ne sont pas destinés à faire des taureaux sont castrés entre 18 mois et 2 ans. Les taureaux servent à la reproduction de 15 mois à 4 ans. Ils font, le plus souvent, la saillie en liberté.

Il n'y a pas d'époques préférées pour les naissances et le sevrage a lieu entre 5 et 6 mois.

Génisses et bouvillons ne sont complètement dressés au joug qu'à 3 ans.

Les bœufs atteignent leur plein développement à 6 ans. Ils ont alors 1 m. 55 à 1 m. 60 et pèsent de 650 à 700 kilogrammes.

C'est alors qu'on les engraisse, d'abord au pâturage pendant six semaines, puis à l'étable avec des farines de seigle et de maïs et des tourteaux. Dix semaines à trois mois suffisent pour que l'engraissement soit achevé.

Les poids vifs sont moyennement de 800 à 850 kilogrammes pour les bœufs gras et 500 à 550 kilogrammes pour les vaches, sans augmentation sur le passé en raison du rapetissement de la taille. Mais le poids de viande nette s'est accru d'environ 8 p. 100. Il est de 60 p. 100 pour les bœufs et de 54 à 56 p. 100 pour les vaches, avec une proportion de cuir de 5.5 p. 100.

La vache bazadaise est une des meilleures laitières parmi les races de travail et de boucherie. Dans les 9 mois qu'elle conserve son lait, elle arrive à en produire moyennement 1,800 litres. Il faut 24 litres de lait environ pour obtenir 1 kilogramme de beurre.

Le régime le plus général est la stabulation, avec quelques heures de dépaissance chaque jour.

RENDEMENT D'UN BOEUF BAZADAIS PRIMÉ À UN CONCOURS GÉNÉRAL,
AYANT 4 ANS ET DEMI ET MESURANT 1^m 42.

Poids vif..	905^k
Poids des quatre quartiers	794^k 5
Suif.	77^k
Cuir.	60^k
Pieds et patins	10^k
Canard.	4^k
Poumons et cœur.	8^k 5
Foie et rate.	10^k 7
Langue.	4^k 5
Sang, intestins, déchets	135^k 4

PROPORTIONS AU POIDS VIF.

Quatre quartiers...................................... 65.690 p. 100.
Suif... 12.045
Cuir... 6.630

RACE BORDELAISE.

Sous le nom de race bordelaise on désigne un groupe d'animaux essentiellement laitiers, élevés et entretenus aux environs de Bordeaux, sur la rive gauche de la Gironde, dans tout ou partie des cantons de Langon, Podensac, La Brède, Pessac, Bordeaux, Blanquefort et Castelnau.

Résultant, sans doute, de croisements anciens dans lesquels les hollandais entretenus dans les palus du Médoc et les bretonnes d'importation ont eu une large part, ces animaux sont décrits comme suit en tête du premier bulletin du Herd-book publié en 1899 :

Taille. — Varie de 1 m. 20 à 1 m. 35.

Robe. — Pie noir moucheté.

Tête. — Dolichocéphale, noire avec ou sans mouchetures, front légèrement creux, yeux saillants, protubérance occipitale très accentuée.

Cornes. — Noires à leur extrémité, relevées latéralement, souvent incurvées en avant.

Conformation générale anguleuse, encolure grêle, garrot saillant, épaule plate, bassin large, hanches sorties, ossature fine. Démarche élégante et alerte.

Muqueuses de l'anus et de la vulve rosées.

Peau fine et souple.

Signes laitiers très développés.

Ces signes ne sont pas trompeurs. La vache bordelaise est si bonne laitière qu'il faut cesser de la traire pour la faire tarir. Aussi ne se hâte-t-on pas de la faire saillir après vêlage, en sorte que la lactation dure une année entière, pendant laquelle la production totale en lait atteint en moyenne 2,500 litres et s'élève souvent même à 3,000. Ce lait n'est pas très butyreux; il en faut moyennement 28 litres pour faire 1 kilogramme de beurre.

La race bordelaise fut presque complètement détruite par la péripneumonie en 1870. On essaya alors de lui substituer la race hollandaise, qui n'a pu vivre à sa place.

On la reconstitue depuis une dizaine d'années. Actuellement, l'effectif total peut être évalué à 2,500 têtes, avec progression rapide partout où les progrès de la culture permettent de substituer la bordelaise à la bretonne.

Si les concours de race, ceux organisés par la Société d'agriculture et par les comices, spécialement celui de Podensac, la création d'un Herd-book bien dirigé et très en faveur, ont contribué à ce résultat, il est dû également pour une bonne part à ce que le commerce recherche de plus en plus les bonnes laitières bordelaises pour sa clientèle non seulement de tout le département, mais encore des départements voisins, clientèle qui s'étend de plus en plus.

Il ne serait pas surprenant que la bordelaise devînt assez promptement la vache laitière préférée de toute la partie du Sud-Ouest où se fait l'élevage des animaux de travail. Aussi, au lieu de livrer les veaux femelles à la boucherie à 15 jours, au poids de 35 kilogrammes, en élève-t-on un grand nombre, de même qu'on conserve plus de mâles pour parer à la pénurie dont on a reconnu les inconvénients. On les utilise à partir de l'âge de 15 mois et souvent on les conserve jusqu'à 4 ans. Les génisses sont saillies en liberté entre 18 mois et 2 ans.

Les bordelaises résistent bien au froid et aux brouillards si fréquents dans les contrées basses et humides où elles vivent; mais elles redoutent la chaleur. Aussi les rentre-t-on à l'étable en été de 10 heures du matin à 5 heures du soir. Leur régime est celui du pâturage mixte en permanence.

Les vaches grasses de réforme pèsent de 400 à 450 kilogrammes avec un rendement en viande nette de 50 p. 100. Le cuir pèse 5.25 p. 100 du poids vif.

RACE GASCONNE.

Les animaux de la race gasconne les plus caractérisés et présentant dans leur ensemble les qualités de travail et d'endurance qui les font tant apprécier dans la région du Midi constituent deux groupes distincts.

Le premier occupe la contrée formée :

1° Dans la Haute-Garonne, par les cantons de Boulogne, Aurignac, Saint-Martory, l'Isle-Jourdain; le nord de ceux de Montréjeau, Saint-Gaudens, Salies; l'ouest de ceux de Fousseret et de Cazères; le sud de celui de Rieumes;

2° Dans les Hautes-Pyrénées, par les cantons de Lannemezan, Castelnau-Magnoac et Trie;

3° Dans le Gers, par l'arrondissement de Lombez, la moitié est de celui de Mirande, les trois quarts est de celui d'Auch et une étroite bande au sud-est de celui de Lectoure.

Le second, avec la désignation de *Carolais* donnée à tort, par suite d'une fausse interprétation du mot *Caroulas*, comprend les animaux connus sous le nom d'*ariégeois* de *Tarascon* (Ariège), du *Méjeannais*, du *Roussillon* et du *pays de Sault* (Aude).

Ainsi que l'a écrit le regretté M. Malet, professeur à l'École vétérinaire de Toulouse, ils ne sont autres que des gascons restés plus petits parce qu'on les a élevés à la dure dans les hautes montagnes et ils ne se différencient des autres gascons que par de simples modifications de pelage, dues au climat, au régime et aussi aux préférences des éleveurs. Ces animaux forment presque exclusivement la population bovine d'une vaste région comprenant, dans l'Ariège, la partie sud de l'arrondissement de Pamiers et la totalité de celui de Foix; dans la Haute-Garonne, le sud de l'arrondissement de Villefranche; dans l'Aude, toute la partie de ce département située au sud du canal du Midi; enfin, toute la contrée montagneuse des Pyrénées-Orientales.

Le premier groupe comprend environ 94,000 têtes ainsi réparties :

Haute-Garonne	20,000 têtes.
Hautes-Pyrénées	8,000
Gers	66,000

A ce groupe il faudrait attribuer un poids vif total de 29,000 à 30,000 tonnes.

Le second groupe en compte approximativement le même nombre, avec un poids vif total un peu inférieur, de 27,000 à 28,000 tonnes.

Aude.. 20,000 têtes.
Ariège.. 50,000
Pyrénées-Orientales.. 22,000
Haute-Garonne... 2,000

Mais à ces quantités il convient d'ajouter les animaux, bœufs et vaches, importés pour les travaux dans l'Armagnac, le Condommois, le Lectourois, la région de coteaux en terre forte situés au sud de la Garonne dans les départements du Tarn-et-Garonne, de la Haute-Garonne, dans le terre-fort et dans la plaine de l'arroudissement de Pamiers, dans celle de l'Aude.

Évaluer à 60,000 le nombre de ces animaux, tous en pleine force, et à 23,000 tonnes leur poids vif n'a rien d'exagéré, en sorte que la population bovine de race gasconne possédant les caractères qui lui sont spéciaux atteindrait 250,000 têtes et un poids vif de 80,000 tonnes.

Il est certain que la race gasconne pure a perdu du terrain depuis cinquante ans. Au nord, à l'est et au sud-est de la région délimitée ci-dessus pour le premier groupe, dans les parties du Gers, du Tarn-et-Garonne, de la Haute-Garonne qui se rapprochent de la vallée de la Garonne, dans le Lauraguais, le terre-fort, les basses plaines de l'Ariège et de l'Hers, on a cherché à obtenir des animaux plus tendres, plus précoces, plus faciles à engraisser, ayant plus de taille. Dans ce but on a eu recours au croisement avec le garonnais ou avec le garonnais-limousin. Le nombre d'animaux portant tout au moins des traces de ces croisements est important, même dans le périmètre du premier groupe. Toutefois, on s'est généralement attaché à conserver à l'ensemble des animaux l'aspect du gascon et à diminuer le moins possible leurs qualités au point de vue du travail et de l'endurance.

On est arrivé ainsi à créer une sous-race gasconne paraissant avoir une certaine fixité et qu'on a fini par dénommer race gasconne *auréolée* ou *à rondelle*, par opposition avec les gascons à muqueuses totalement noires, dits *à cocarde*.

La division en deux catégories des animaux gascons dans les divers concours, généraux, régionaux, spéciaux et départementaux, a été le seul moyen de faire l'accord entre ceux (membres du jury ou exposants) qui exigeaient, avec raison, que les animaux présentés eussent tous les caractères distinctifs de la race pure et ceux qui prétendaient que les animaux auréolés étaient bien réellement des gascons.

Ce serait se rapprocher assez de la vérité que d'attribuer à la population bovine, dérivée du gascon et en ayant conservé la plus grande partie des caractères, le nombre de 160,000 têtes se répartissant comme suit entre cinq départements :

Haute-Garonne... 70,000 têtes.
Ariège.. 15,000
Gers.. 60,000
Tarn-et-Garonne... 10,000
Aude.. 5,000

Le tout formant un poids vif de 55,000 tonnes.

Disons de suite que pour la maintenir dans des limites telles que les aptitudes de travail et l'endurance des animaux ne diminuent point d'une façon exagérée, les éleveurs d'animaux de la sous-race gasconne vont fréquemment chercher des taureaux dans la région qui constitue le premier groupe de la race pure et que les sociétés agricoles ou les conseils généraux des divers départements intéressés, qui font des sacrifices pour l'amélioration des animaux de l'espèce bovine, soit par des primes, soit par des achats de taureaux, spécifient que ceux-ci doivent être de race pure. Ainsi fait-on dans l'Aude, où depuis 1880 on a importé une centaine de ces reproducteurs. De même, dans la Haute-Garonne, la commission du Conseil général, qui consacre annuellement un crédit de 12,000 francs à l'amélioration du bétail, après avoir, depuis 1836, dirigé ses efforts dans le sens du croisement garonnais-gascon, la poursuit, depuis quelques années, par l'importation de taureaux gascons purs. Le Gers lui-même importe annuellement un certain nombre de ces reproducteurs. Toujours est-il qu'actuellement les animaux dits *bien marqués*, c'est-à-dire ayant les caractères du gascon, priment sur tous les marchés pour la reproduction et sur presque tous pour le travail.

Néanmoins, il est à prévoir que le gascon pur est appelé dans l'avenir à voir plutôt diminuer encore son aire d'utilisation, à mesure que les cultures mieux faites, les sols mieux amendés, de bons assolements, exigeront moins de rusticité chez les animaux de travail en même temps que l'alimentation sera plus abondante et de meilleure qualité. A moins cependant que les progrès considérables actuellement réalisés dans l'élevage des animaux du premier groupe, grâce à une sélection bien faite et à l'amélioration du régime alimentaire n'arrivent à prouver qu'on peut obtenir les mêmes avantages qu'avec le croisement, sous le rapport de la précocité et du développement. Quant aux gascons de la chaîne des Pyrénées, soumis dans leur jeune âge aux vicissitudes du pâturage en montagne, aux alternatives d'abondance et de pénurie, il faudra bien se garder de compromettre leur rusticité par des croisements. D'ailleurs, lorsqu'ils sont arrivés à l'âge où on les vend pour aller vivre dans la plaine ou les coteaux, l'amélioration du régime leur fait promptement regagner le temps perdu pour leur développement, tout en constituant d'excellents travailleurs pour ces contrées chaudes, fréquemment balayées par le vent énervant d'autan.

Les caractères distinctifs des gascons purs sont les suivants :

Tête. — Plutôt courte que longue, assez volumineuse chez le taureau et relativement légère chez la vache. Front un peu plus long que large chez celui-là, et à peu près carré pour celle-ci, qui a le profil droit, tandis que le taureau l'a légèrement busqué.

Chignon convexe et garni de poils longs.

Mufle évasé, avec lèvre supérieure effaçant complètement l'inférieure.

Cornes. — De longueur et grosseur moyennes, se dirigeant à leur base horizontalement dans le plan du front, puis se contournant progressivement en avant, pour se redresser à l'extrémité. Chez le mâle, elles sont souvent un peu tombantes et plus contournées en avant. La section est très légèrement elliptique. La couleur est blanc jaunâtre à la base et noire à l'extrémité.

Robe. — Les veaux sont, jusqu'à la mue, couleur froment, avec auréoles blanches autour des yeux et du mufle, entre les fesses, sous le ventre et à la face interne des membres ; de plus, le périmètre de ces parties blanches et le tour des oreilles ont du gris décelant la couleur brune de la base du poil, qui n'a que la pointe de nuance froment. Après la première mue, et dans la suite, les poils sont noirs à la base et blancs à l'extrémité, ce qui donne un ensemble allant du presque blanc au gris blaireau. La nuance se fonce du dos vers les extrémités jusqu'à être, parfois, complètement noire aux joues, au cou, au bas des épaules, aux flancs et aux cuisses. Les parties blanches persistent et il s'y ajoute une bande claire caractéristique sur l'épine dorsale. Parfois, surtout pour les taureaux, le tour des yeux est d'un beau noir. On appelle *gascons à lunettes* les animaux qui présentent cette particularité.

La robe blanchit avec l'âge et il n'est pas rare de trouver des vaches âgées presque complètement blanches, sauf aux extrémités.

Le tour des oreilles, le toupillon, les couronnes et les onglons sont toujours noirs ou noirâtres.

Les animaux élevés dans la montagne sont généralement de coloration plus foncée que ceux de la plaine ou des coteaux. La nuance blaireau domine chez eux, mais s'éclaircit beaucoup quand ils y viennent continuer leur existence.

Les parties apparentes dépourvues de poils, mufle, paupières, vulve, cupule sont brun foncé ou noir, sans limite rosée précise.

Formes. — Le corps est trapu, avec train postérieur sensiblement plus haut que l'antérieur, et attache de queue proéminente chez les animaux non améliorés. La ligne dorsale est assez souvent un peu infléchie. Cette ligne est généralement bien plus droite et l'attache de la queue bien meilleure chez les animaux élevés en montagne. La poitrine est large et descendue; la côte bien ronde, sauf en arrière des épaules. Le garrot est assez épais et les hanches ne sont pas saillantes. Les cuisses sont un peu plates et insuffisamment descendues. Les membres sont relativement courts et le plus souvent larges et bien dirigés. Le pied est petit et solide. Les aplombs des animaux de montagne sont parfaits. Le cuir est épais et dense. Il est en outre *bordé*, selon l'expression des tanneurs, c'est-à-dire qu'il est presque aussi épais sur les bords que sur les places correspondant au milieu du corps.

La taille moyenne des vaches faites est de 1 m. 20 à 1 m. 25 en montagne, 1 m. 28 à 1 m. 30 dans la contrée de Boulogne, 1 m. 33 dans les coteaux du Gers. Celle des taureaux de 3 ans varie, suivant les contrées, entre 1 m. 30 et 1 m. 35.

Autrefois, d'après un de nos correspondants, les éleveurs et le commerce recherchaient les animaux volumineux, à squelette grossier et à fanon très développé. Plus une vache se rapprochait du bœuf, plus elle avait de prix. Le succès d'un taureau dans les luttes avec ses semblables faisait autant que sa conformation pour le faire bien apprécier des acheteurs. En même temps, mais plutôt par croisement que par la sélection, on cherchait à obtenir des animaux plus grands.

Depuis la création des concours régionaux et spéciaux et depuis que les assemblées départementales et les sociétés agricoles ont adopté des programmes d'amélioration mieux définis, la sélection est entrée dans une nouvelle voie. Il y a maintenant une tendance marquée, chez un grand nombre d'éleveurs, pour le choix de reproducteurs se rapprochant du type pur, mais fins et bien conformés. Les meilleures foires pour l'acquisition de ces reproducteurs sont celles de Boulogne, Cassagnabère, Aurignac, le Fousseret, Saint-Gaudens, Castelneau-Magnoac, Miélan, Masseube et Mirande. Il y a progrès considérable, spécialement en ce qui concerne l'attache de queue, la diminution du fanon et le développement des masses musculaires. Les sujets défectueux sont certainement encore en grande majorité, mais M. Malet a pu écrire avec vérité qu'il y a actuellement la race gasconne améliorée auprès de la race gasconne commune.

Ce qui distingue le plus nettement les animaux de la sous-race dite *du Gers*, ou à *rondelle* ou *auréolée*, c'est l'absence de cupule chez les taureaux, et, pour les deux sexes, la disparition des poils noirs en bordure des oreilles et des yeux, l'auréole rose nettement délimitée qui s'étend autour des taches noires plus ou moins réduites des ouvertures naturelles.

Ces animaux sont de nuance plus tendre, ils ont plus de taille, plus de finesse et sont en général plus viandés. Mais la population qu'ils forment est forcément beaucoup moins homogène, et on y rencontre un bien plus grand nombre d'animaux décousus. Néanmoins, dans le département du Gers, où on en fait le plus et le mieux l'élevage, on poursuit avec méthode la fixation et la régularisation de cette sous-race.

En 1898, ce département a créé un livre généalogique spécial, et chaque année, depuis 1892, il consacre une dizaine de mille francs à l'achat de bons reproducteurs qui sont revendus aux éleveurs.

Chaque printemps, une soixantaine de taureaux, dont bon nombre achetés parmi ceux de race pure, sont répartis ainsi dans le département.

Les résultats obtenus sont déjà très marqués et s'accentuent de plus en plus. Les éleveurs de gascons des Hautes-Pyrénées ont aussi voulu créer un livre généalogique restreint aux territoires peu étendus qu'ils occupent. Mais on a bien vite compris que ce particularisme n'avait pas de raison d'être et une commission interdépartementale a récemment étudié la création d'un Herd-book embrassant tout le territoire des deux groupes de la race pure.

On peut se demander s'il n'y a pas excès dans l'exigence que les animaux, pour être inscrits, aient l'intérieur de la bouche absolument dépourvu de taches roses.

Les vaches gasconnes de la race et de la sous-race sont très médiocres laitières; on ne leur demande que d'élever leurs veaux jusqu'à 4 ou 5 mois, époque du sevrage. Ce qu'ils absorbent et ce qu'on tire pendant les trois mois suivants peut faire un total de 1,300 à 1,400 litres environ. On nous signale cependant, dans la haute vallée de l'Ariège, un groupe d'animaux gascons ayant des aptitudes laitières au moins égales à celles des tarines; on nous en cite aussi dans les bonnes prairies de la Garonne, aux environs de Saint-Gaudens. Il est assez probable qu'il y a eu une sélection inconsciente prouvant qu'on peut arriver à créer des familles laitières dans la race gasconne.

Le lait est d'ailleurs riche en matière grasse. Avec l'écrémeuse centrifuge, 19 à 20 litres suffisent pour obtenir 1 kilogramme de beurre.

Les taureaux commencent à faire la saillie à 10 ou 12 mois et ne la font le plus souvent que pendant un an dans les pays de coteaux; dans les contrées montagneuses, spécialement dans l'Aude, ils ne commencent la monte qu'à 15 ou 18 mois et on les conserve jusqu'à 3 ans et même 3 ans et demi. Dans la partie montagneuse de l'Ariège, ils font la saillie jusqu'à l'âge de 5 ans.

Ils sont généralement maintenus en stabulation, sauf ceux qui accompagnent les troupeaux de transhumance en montagne.

Les génisses sont livrées à la saillie entre 20 mois et 2 ans, plus âgées dans l'Aude. La castration des bouvillons se fait quand se manifeste l'instinct génésique, sauf dans le Lauraguais et l'Aude, où on ne l'exécute souvent qu'à 18 mois. C'est à l'âge de 6 mois à 1 an que les bouvillons et génisses sont vendus pour être élevés dans d'autres contrées que celles qui les ont vu naître.

Dans ces dernières, on ne conserve presque pas de bouvillons et seulement les génisses nécessaires au remplacement des vieilles vaches.

Beaucoup de ces élèves, après avoir hiverné dans les coteaux qui bornent la chaîne des Pyrénées, passent tout l'estivage dans les hauts pâturages de montagnes; après quoi ils sont revendus aux agriculteurs de la plaine pour être dressés au joug et commencer leur vie de travail. Bœufs et vaches y sont aptes très jeunes; mais s'ils passent pour maîtres au labour, ils sont moins appréciés pour les charrois, parce qu'ils sont lents et que, quand vient la fatigue, ils se poussent et se tirent.

Leur résistance à la chaleur et aux mouches est absolument remarquable. Néanmoins on les couvre au travail d'un surtout en toile et on voile leur face avec une moustiquaire attachée aux cornes.

L'entier développement des bœufs gascons se produit entre 5 ou 6 ans et leur taille varie alors entre 1 m. 42 et 1 m. 48 avec un poids de 500 à 580 kilogrammes. Les gascons garonnais un peu plus précoces mesurent 1 m. 50 à 1 m. 55 et pèsent maigres de 600 à 700 kilogrammes. C'est vers l'âge de 8 ans qu'on réforme ceux-ci pour les engraisser, tandis que les autres sont le plus souvent conservés jusqu'à 10 et 12 ans.

Ce n'est pas le plus souvent de l'engraissement qu'on fait, mais de la mise en chair par le repos et une nourriture abondante pendant quatre mois. Le poids vif des bœufs varie alors entre 560 et 680 kilogrammes pour les gascons purs, et entre 650 et 800 pour les croisés. On constate une augmentation moyenne de 50 kilogrammes par tête dans la dernière moitié du siècle.

Le rendement en viande nette n'est guère que de 48 à 50 p. 100, avec cet engraissement incomplet, et atteint généralement 52 à 55 p. 100 pour les gascons dits *du Gers*. L'augmentation du rendement serait de 2 p. 100.

Le rendement en viande des vaches est le plus souvent un peu supérieur à celui des bœufs.

Le poids du cuir des bœufs varie entre 45 et 55 kilogrammes. La viande des gascons est considérée comme assez sensiblement inférieure en qualité à celle des garonnais et des gascons garonnais.

Cela tient surtout, à n'en pas douter, à une mise en réforme trop tardive et à un engraissement trop rudimentaire.

Il est à remarquer que, en dehors des troupeaux de transhumance formés pendant l'été par le groupement des animaux entretenus dans les diverses vallées de la chaîne des Pyrénées et sur ses contreforts, le bétail gascon est surtout nourri en stabulation Si on le fait pâturer quelque peu au dehors, on le fait toujours rentrer aux heures des repas pour lui donner des aliments secs.

RENDEMENT D'UN BOEUF GASCON PRIMÉ À UN CONCOURS GÉNÉRAL,
ÂGÉ DE 6 ANS ET MESURANT 1 m 48.

Poids vif	800k	Pieds et patins	11k
Poids des quatre quartiers	598k	Canard	4
Rapport au poids vif	67.191 p. 100	Poumons et cœur	9
Suif	93k	Foie et rate	10
Rapport au poids vif	10.449 p. 100	Langue	5
Cuir	56k	Sang, intestins, déchets	104
Rapport au poids vif	6.292 p. 100		

RACE DES VALLÉES DE SAINT-GIRONS ET D'AURE.

Cette petite race dénommée race *chataigne* dans le pays, laitière et en même temps bonne pour les travaux légers, a deux centres d'élevage distincts :

1° Toute la contrée sud-ouest de l'Ariège limitée par Saint-Girons, Massat et Aulus et la majeure partie des cantons d'Aspet, Saint-Béat et Bagnères-de-Luchon (Haute-Garonne);

2° La totalité des deux versants de la vallée d'Aure (Hautes-Pyrénées).

Les deux groupes sont séparés par une population bovine très mélangée, par suite d'importations d'animaux appartenant à diverses races, mais où cependant le saint-gironnais domine, surtout à l'état de croisement.

Enfin, sur une large bande au sud de la Garonne, de Montrejeau à Cazères, on trouve à la fois des gascons, des saint-gironnais ou des métis de ces deux races.

De plus la vache saint-gironnaise est très répandue comme laitière dans un rayon assez étendu, comprenant le nord-est de l'Ariège et le sud de la Haute-Garonne, même aux environs de Toulouse.

De fait la race de Saint-Girons a perdu beaucoup de terrain pour le travail dans toute la région de plaine et de coteaux, et c'est le gascon, plus grand et plus fort, qui s'y est substitué plus ou moins.

Les habitants de la montagne, à l'époque où l'industrie laitière était peu développée, ont eux-mêmes compromis l'avenir de cette excellente race par des croisements inconsidérés, même avec la bazadaise; de telle sorte que, dans le premier groupe (Ariège et Haute-Garonne), sur 25,000 animaux environ ayant l'aspect de la race, il n'en faut pas compter plus de 10,000 qui soient absolument exempts de croisement.

Les animaux du groupe de la vallée d'Aure, tout en ayant été moins exposés à être dénaturés, présentent cependant souvent aussi des signes de croisement, mais moins apparents. Par suite, l'ensemble a plus d'homogénéité. Avec une moindre superficie de territoire, cette vallée peut compter un nombre de sujets présentant l'ensemble des caractères de race égal à celui du premier groupe.

Il a fallu le développement considérable pris depuis quelques années par l'industrie laitière dans les hautes vallées du Saint-Gironnais, spécialement celles de Castillon, d'Ustou, d'Ercé et de Conflens, pour arrêter les éleveurs dans la voie déplorable où ils étaient entrés. La race des vallées d'Aure et de Saint-Girons est en effet celle qui, au point de vue de la production du lait, est la meilleure de la chaîne des Pyrénées, et qui y donne et y donnera toujours des résultats supérieurs à ceux d'aucune autre race importée.

Ces petites vaches, dont la taille varie entre 1 m. 15 et 1 m. 24, donnent de 1,500 à 1,800 litres de lait pour une période de lactation de 8 à 10 mois, qui pourrait même être facilement prolongée, et ce lait est très riche en matière grasse. Avec l'écrémeuse centrifuge, 20 à 21 litres de lait suffisent à faire 1 kilogramme de beurre.

Les vaches de la vallée d'Aure sont sensiblement moins laitières que celles du Saint-Gironnais, sans doute par défaut de sélection au point de vue de cette aptitude.

On a compris, depuis quelques années, le grand intérêt qu'il y avait à maintenir la race pure et à l'améliorer par la sélection.

Déjà de sérieux résultats ont été obtenus. Les concours spéciaux y ont beaucoup contribué, et l'impulsion donnée avec persévérance par des hommes très compétents est suivie avec un certain entrain par bon nombre d'éleveurs; mais les conseils départementaux et les associations agricoles n'ont pas eu, jusqu'à ce jour, de ligne de conduite bien définie.

Récemment des délégués de trois départements intéressés se sont mis d'accord pour poser les bases d'un livre généalogique, après avoir donné une solution aux quelques difficultés que présentait la question d'appellation et aussi les légères nuances constatées dans le pelage des animaux d'un groupe à l'autre.

Description. — Tête fine, légère chez la vache et relativement un peu forte chez le mâle; front à peu près carré, légèrement encavé entre les orbites; profil un peu bombé, surtout pour les mâles; yeux doux bien sortis; chignon saillant; mufle large.

Cornes de grosseur et longueur moyennes, à section un peu elliptique à la base, mais ronde ensuite; direction latérale à l'origine, puis oblique en avant et redressée de plus en plus jusqu'à la pointe qui est noire, la partie inférieure étant blanche.

Robe couleur châtaigne allant jusqu'au gris châtain, toujours uniforme, avec bande plus claire sur le dos chez le taureau adulte. Les parties non recouvertes de poils sont de couleur rose clair. Toute tache noire, même dans l'intérieur de la bouche, est considérée comme signe de croisement.

Corps un peu anguleux, mais développé relativement à la hauteur, sur des membres fins chez la vache et moyens chez le mâle; encolure fine à fanon peu développé; train postérieur un peu plus élevé que l'antérieur. Poitrine et bassin amples; côte ronde; épaule peu garnie; croupe un peu courte et assez large: ligne de dos souvent très bonne; cuisses peu musclées; cuir moyennement épais, parfois très fin. Pis développé et généralement bien équilibré, à veines mammaires sinueuses; bons écussons; coloration jaunâtre des abords de la vulve et de l'intérieur des oreilles.

Les veaux saint-gironnais sont de bonne qualité et d'un poids relativement élevé par suite de l'abondance du bon lait de leur mère. On les vend à la boucherie âgés de 3 à 5 mois.

On fait naître ceux destinés à l'élevage au printemps, les vaches étant saillies dans les pâturages de montagne pendant l'été, et le sevrage se fait entre 4 et 6 mois. Bouvillons et génisses sont vendus quand ils ont soit 9 à 12 mois, soit 18 mois à 2 ans; c'est après la vente que les premiers sont châtrés. Les génisses sont saillies vers l'âge de 18 à 20 mois. Les taureaux, sauf ceux qui accompagnent les troupeaux transhumants, sont maintenus à l'étable. Ils commencent à faire la saillie à 1 an. On ne les conserve guère plus d'une année pour la reproduction, sauf dans le Saint-Gironnais où ils font la saillie jusqu'à 4 ans. Un grand obstacle au progrès consiste à ce que le plus grand nombre des éleveurs livrent leurs vaches à n'importe quel mâle, même non destiné à être conservé comme taureau.

Le plus sérieux obstacle à la restauration de cette excellente petite race laitière est le manque de bons taureaux susceptibles de bien tracer.

Les vaches font presque tous les travaux dans la région d'élevage; les bœufs vont travailler dans la plaine ou au débardage des bois. Leur dressage commence à 2 ans et ils sont très vite faits. Ils sont très recherchés pour les charrois parce qu'ils sont agiles et faciles à diriger. Mais pour les labours en sols tenaces, ils manquent de patience.

Ils résistent au froid d'une façon remarquable et n'en souffrent pas dans la montagne. Leur résistance à la chaleur est seulement moyenne. Les bœufs atteignent leur entier développement vers l'âge de 6 ans; ils ont alors, en moyenne, une taille de 1 m. 3o et un poids de 5oo kilogrammes.

Un engraissement extensif et toujours incomplet porte ce poids à 62o kilogrammes environ. Cet engraissement dure 5 mois et on n'y soumet les bœufs qu'à 7 ou 8 ans, souvent plus tard.

Le rendement en viande nette est de 5 1 à 52 p. 1oo. Pour la vache arrivant grasse à peser 35o kilogrammes, ce rendement n'est que de 48 p. 1oo. Pas d'augmentation appréciable sur le poids des animaux et leur rendement.

Dans presque toute la région d'élevage du Saint-Gironnais on envoie une grande partie des animaux en transhumance sur les pâturages de hautes montagnes du 1 5 juin au 2o octobre, qu'ils soient communaux, ou domaniaux grevés de servitude, ou encore affermés par des groupes de particuliers sur le territoire français ou espagnol. Pendant l'hiver et jusqu'en fin avril, les animaux sont en stabulation. Ils paissent dans les environs des villages, tout en rentrant chaque soir, en mai et en juin, jusqu'à la formation des troupeaux; puis aussi tard que possible après leur dislocation.

Pendant la période de transhumance, le seul avantage que le propriétaire d'une vache en lait en retire est de ne pas payer de frais de garde.

Le jour où les éleveurs auront compris le grand profit qu'ils auraient à descendre la crème deux fois par semaine pour alimenter des beurreries, la race des vallées d'Aure et de Saint-Girons fera certainement de rapides progrès.

On ne saurait trop encourager les efforts faits pour l'améliorer et pour la répandre dans toute la région pyrénéenne et sous-pyrénéenne pour la production laitière.

RACE DE LOURDES.

La petite race de Lourdes est assez laitière et quelque peu travailleuse, mais sensiblement inférieure sous l'un et l'autre rapport à celle des vallées de Saint-Girons et d'Aure.

Son centre d'élevage occupe la totalité de l'arrondissement d'Argelès, les cantons nord et sud de Tarbes et d'Ossun et, dans l'arrondissement de Bagnères-de-Bigorre, ceux de Bagnères et de Campan.

La zone qu'elle occupait autrefois s'étendait plus au nord (cantons de Vic et Maubourguet) et plus à l'est (cantons de Tournay et de Pouyastruc). Elle a reculé devant l'extension des gascons, plus forts et meilleurs travailleurs, et s'y trouve en mélange avec eux ou à l'état de croisements. Dans le haut de la vallée de Campan, on croise avec la race d'Aure pour donner plus de rusticité aux animaux, et aux confins des Basses-Pyrénées, avec les béarnais.

On évalue le nombre d'animaux présentant bien les caractères de la race à une quinzaine de mille.

Dans le nord des Hautes-Pyrénées et l'ouest des Basses-Pyrénées on entretient un assez grand nombre de vaches lourdaises comme laitières.

Description : tête fine; frontal large, avec rétrécissement entre les cornes et les orbites; chignon élevé; os nasal rectiligne.

Cornes blanches à bout blond et section elliptique à la base, légèrement inclinées.

au départ de haut en bas et d'arrière en avant, puis se relevant pour présenter l'extrémité quelque peu tournée en arrière.

Robe variant du froment blond au froment crème. Dans la montagne, la teinte est plus pâle que dans la plaine. Les sujets naissent avec la coloration froment assez foncée. Les extrémités sont toujours de nuance plus tendre que le corps, ainsi que le dessous du ventre et la partie intérieure des membres. Muqueuses et parties dénudées de poils roses. Toute tache noire même dans l'intérieur de la bouche est considérée comme signe d'impureté.

Le dos est fréquemment incurvé et l'attache de queue haute; les côtes sont un peu plates et allongées; la poitrine est assez profonde, mais un peu étroite. Les extrémités sont fines et le jarret droit.

Le cuir, assez épais en montagne, est beaucoup plus fin et souple dans la plaine.

Les vaches faites ont une taille de 1 m. 25 à 1 m. 30, avec un poids de 300 à 350 kilogrammes.

Les bœufs atteignent leur entier développement vers 4 ans et demi et ont alors une hauteur au garrot de 1 m. 40 ; ils pèsent en moyenne 450 kilogrammes.

Les vaches donnent moyennement 4 litres et demi de lait par jour; mais comme elles ne conservent guère leur lait plus de 6 à 7 mois, le rendement annuel se tient entre 800 et 1,000 litres. Le plus grand nombre ne donnent leur lait qu'en présence des veaux. Il n'est pas rare d'en trouver qui sont ombrageuses.

Par l'écrémage spontané, il faut en moyenne 28 litres de lait pour 1 kilogramme de beurre. Dans de bons pâturages, en été, cette moyenne descend à 24 litres, soit de 24 à 20 litres avec l'écrémeuse centrifuge.

Ce n'est que depuis 1892 qu'on s'occupe sérieusement de l'amélioration de la race par la sélection. Le département donne actuellement trois primes de 100, 75 et 50 francs par canton pour les taureaux. Ceux qui reçoivent ces primes sont très recherchés pour les saillies. Les concours spéciaux ont aussi fait réaliser quelques progrès.

Depuis cinq ans un livre généalogique a été institué. Les inscriptions approchent de 250 pour les mâles et 600 pour les femelles. Les taureaux inscrits sont seuls admis pour les primes de canton.

La commission se montre très sévère, avec raison, au point de vue des caractères de pureté de la race.

Dans la montagne, les veaux destinés à la boucherie ne reçoivent que la moitié du lait de la mère et sont vendus à 6 mois. Ils pèsent alors environ 140 kilogrammes.

Ceux de plaine, auxquels on épargne moins le lait et qui reçoivent en outre de la farine de maïs en bouillie, atteignent ce poids à 4 mois.

Les veaux mâles d'élevage sont sevrés à 6 mois; les femelles le sont plus tardivement. C'est vers l'âge d'un an qu'on les vend. On conserve d'ailleurs peu de bouvillons. Les uns et les autres sont dressés au joug entre 20 et 24 mois. L'allure est moyenne.

La castration est pratiquée à 2 mois dans la plaine et à 4 mois dans la montagne.

Les animaux lourdais sont peu sensibles aux changements de température. Aussi ce n'est que dans la plaine, où ils ont le cuir plus fin et le poil plus court, qu'on les recouvre d'une toile en été pendant le travail et qu'on leur met un voile épais couvrant la tête entière.

Les taureaux commencent la saillie vers l'âge de 10 mois; ils sont conservés seulement jusqu'à 20 mois dans la montagne et 30 mois et même 3 ans dans la plaine.

M. de Lapparent.   9

Les animaux de réforme sont simplement mis bien en chair pour la boucherie. Les bœufs pèsent alors environ 550 kilogrammes et les vaches 400 à 425 kilogrammes. On réforme peu de bœufs avant qu'ils aient 10 ans.

Les rendements en viande nette sont assez satisfaisants, 55 p. 100 pour les bœufs, 50 p. 100 pour les vaches. Poids du cuir: 45 kilogrammes pour les premiers et 32 kilogrammes pour celles-ci.

Dans la plaine la stabulation complète ne dure que pendant 2 mois d'hiver.

Dans les localités possédant à la montagne des pâturages communaux ou de servitude, chaque cultivateur entretient le plus grand nombre possible d'animaux auxquels, pendant les 4 à 6 mois de mauvaise saison, il fait consommer tout le foin récolté, en mesurant bien entendu la nourriture avec une grande parcimonie.

Pendant 2 mois avant la montée et 1 mois après la descente, les animaux sont conduits dans les dépaissances inférieures. La transhumance dure, en général, du 15 mai au 15 septembre.

Dans beaucoup de localités, chaque propriétaire surveille son bétail lui-même pendant cette période.

A moins que par la sélection on arrive à développer les aptitudes laitières des lourdaises, de telle sorte qu'elles puissent être recherchées tant dans les Hautes que dans les Basses-Pyrénées, là où on ne produit que des animaux de travail, il est peu probable que cette race prenne de l'extension, d'autant plus que dans les pays de plaines du Sud-Ouest on a de plus en plus recours aux importations de vaches bretonnes pour la production du lait.

RACE PYRÉNÉENNE DU SUD-OUEST.

Qu'elle soit nommée *béarnaise* et, en sous-titre, *barétonne*, de *Bedous*, d'*Aspe*, d'*Ossau*, ou *basquaise*, ou d'*Urt*, ou encore du *Bas-Adour*, que son pelage varie du froment rouge au froment crème, il faut bien reconnaître que la population bovine pyrénéenne du Sud-Ouest forme une seule et même race, dont voici la description :

Tête courte, à front large, carré, plutôt concave, avec chignon peu développé et mufle large.

Cornes blanches, à extrémités blondes, s'évasant et se relevant très élégamment en lyre. Section inférieure ovoïde, plus arrondie en dedans.

Taille moyenne de 1 m. 25 pour les vaches, 1 m. 34 pour les taureaux faits, 1 m. 40 à 1 m. 48 pour les bœufs.

Robe uniforme, avec nuances plus pâles autour des ouvertures naturelles, au plat des cuisses et sous le ventre. Quand elle est froment foncé, une zone pâle existe sur l'épine dorsale, des reins au garrot.

Muqueuses et parties sans poil rosées, sans aucune tache noire.

Formes élégantes et aspect énergique. Poitrine ample et profonde, côtes rondes, garrot épais; corps long, près de terre; train antérieur bien établi, un peu plus bas que le postérieur; cuisses un peu minces et insuffisamment musclées; ligne de dos généralement droite, mais avec une croupe souvent pointue et à embase de la queue un peu trop saillante.

Le cou est court; chez le taureau il est épais, avec fanon s'étendant de la lèvre inférieure jusqu'en arrière des membres antérieurs.

L'énergie, l'endurance à la fatigue, la sobriété caractérisent les animaux de cette excellente race de travail, qu'on a appelés les chevaux arabes de l'espèce bovine.

Résistant aux plus pénibles travaux, s'excitant plutôt que de céder en présence des obstacles, bœufs et vaches gravissent avec entrain les côtes et les chemins les plus ardus, et après avoir traîné de lourds fardeaux, le cou tendu, l'œil en feu, ils arrivent au terme d'une longue course sans fatigue apparente.

Il semblerait, d'après d'anciens et nombreux documents, que la population bovine des Basses-Pyrénées, presque entièrement détruite par une terrible épizootie qui sévit dans les années 1774 et suivantes et qui n'épargna que la vallée de Barétous, ait été entièrement reconstituée par les animaux provenant de cette vallée et, peut-être, aussi par les importations de lourdais.

Aux différences de climat et de sol, ainsi qu'aux préférences locales des éleveurs et du commerce pour telle ou telle nuance des robes, il faudrait attribuer les variations qu'elle présente.

Dans la vallée de Barétous et dans celle du Gave d'Oloron, jusqu'à Sauveterre, la robe est nettement froment rouge; les animaux sont petits, osseux, très énergiques. Dans la vallée d'Aspe (Bédous) la nuance rouge est moins vive et on trouve plus de largeur de hanches, plus de finesse, plus de qualités laitières. Le pelage est encore plus clair dans la vallée d'Ossau, où le bétail très rustique est constamment formé en troupeaux pour aller pâturer tour à tour dans la haute montagne l'été et dans les landes usagères de Pont-Long en hiver.

Tout l'arrondissement de Pau, une partie de celui d'Orthez, avec extension sur les coteaux de la Chalosse et des Hautes-Pyrénées situés sur la rive gauche de l'Adour, de Saint-Sever à Vic-Bigorre, sont occupés par les béarnais proprement dits dont la nuance varie de canton à canton. Les basquais de la Navarre sont froment clair; enfin les urts, généralement plus amples, ont la nuance froment crème. Ces derniers occupent l'ouest de l'arrondissement de Bayonne et une partie de la Chalosse jusqu'à une certaine distance au nord de Dax. Plus au nord encore, dans le département des Landes, on trouve encore la race pyrénéenne de l'ouest soit pure, soit croisée avec la race marine, suivant une ligne passant par Parentis, Pissos, Sabres, Labrit et le sud de Villeneuve-de-Marsan. Dans la partie nord-est de cette limite, le contact a lieu avec la race bazadaise et il en est résulté de nombreux croisements, surtout dans les cantons de Roquefort, Villeneuve-de-Marsan, Gabarret et Cazaubon.

La population bovine de la race pyrénéenne du Sud-Ouest peut être évaluée à 250,000 têtes d'animaux au-dessus de 6 mois, et le poids vif total à 65,000 tonnes.

Basses-Pyrénées	200,000 têtes.
Landes	42,000
Hautes-Pyrénées	8,000

Depuis 1832, l'assemblée départementale des Basses-Pyrénées n'a pas cessé de s'occuper de l'amélioration de la race par des primes cantonales aux bons taureaux. En 1896, on a substitué les concours intercantonaux aux concours cantonaux pour la distribution de ces primes.

Cinq groupes de cantons ont été formés.

La Société d'agriculture a aussi utilement travaillé à cette amélioration par ses concours annuels à Pau et tour à tour dans chaque arrondissement.

Enfin les concours spéciaux ont beaucoup excité l'émulation des éleveurs.

Des progrès très marqués ont été réalisés au triple point de vue des formes, de la taille et du poids, plus particulièrement dans les cantons de Morlaas, de Nay, d'Ustaritz et d'Espelette.

Les statuts d'un livre généalogique ont été récemment établis.

On fait, surtout dans la plaine et les coteaux, des veaux de boucherie, soit de 2 mois 1/2, pesant en moyenne 80 kilogrammes, soit de 6 mois. Pour ces derniers, comme les vaches sont peu laitières (900 à 1,000 litres pour une durée de lactation de 8 mois), on leur en fait téter plusieurs.

C'est surtout dans la région montagneuse que se fait l'élevage. Les veaux nés au premier printemps sont vendus en septembre, à la descente de la montagne, à des maquignons qui les revendent aux cultivateurs de la plaine et des coteaux. Les bouvillons sont castrés avant la vente, à 6 mois. Leur élevage est surtout prospère dans les contrées de Monein et d'Oloron. Le dressage commence à 2 ans pour les mâles comme pour les femelles déjà saillies. Ce sont ces dernières qui exécutent presque tous les travaux dans la région montagneuse. L'allure est rapide. Si les animaux résistent bien au froid et à la chaleur, ils redoutent les mouches.

En dehors de la montagne, la couverture de toile et la moustiquaire de tête sont indispensables.

Les taureaux ne sont que trop rarement conservés pour la reproduction au delà de 2 ans. Ils font la saillie en main dans la plaine et en liberté à la montagne.

Les bœufs atteignent leur complet développement de 5 à 6 ans. L'engraissement est surtout pratiqué dans la contrée d'Hasparren, dans la Chalosse et le Bas-Adour. C'est dans cette dernière contrée qu'on le fait avec le plus d'habileté en stabulation, par le système de l'*embucage*, qui consiste à introduire successivement à la main dans la bouche de l'animal de petites poignées de fourrages verts ou secs enroulés et enrobés dans de la farine ou du tourteau.

Ailleurs les vieux bœufs sont seulement rafraîchis et expédiés par les maquignons vers les villes de la région méditerranéenne.

Le poids des bœufs convenablement engraissés varie, suivant provenance, entre 550 et 800 kilogrammes. Ce dernier poids est même parfois dépassé. Plusieurs bœufs béarnais, aux concours gras d'Orthez, ont pesé plus de 900 kilogrammes. On en cite un de 1,013 kilogrammes. Des bœufs d'Urt de 3 ans y atteignaient 800 kilogrammes, ce qui prouve que cette race est susceptible de précocité.

Le rendement en viande des bœufs suffisamment gras est en moyenne de 55 p. 100.

Si la stabulation, plus ou moins accompagnée de dépaissance de jour, est la règle dans le sud du département des Landes et le nord de celui des Basses-Pyrénées, il n'en est pas de même dans la partie de ce département située au sud du Gave de Pau. Tant que le temps le permet, les animaux vont au pâturage soit sur les prairies qu'on fait primer jusqu'au 1er mars si elles sont à deux coupes, ou jusqu'au 1er avril si elles n'en donnent qu'une, soit dans les landes et thuyas.

Les automnes étant généralement beaux, le pacage peut se faire jusqu'en janvier, pour recommencer vers les premiers jours de février.

Il y a des organisations syndicales pour la jouissance des hauts pâturages indivis entre tous les villages d'une même vallée; les animaux y séjournent sans abri plus ou moins longtemps, suivant leur altitude et leur étendue.

RENDEMENT EN BOUCHERIE D'UN BŒUF BASQUAIS PRIMÉ DANS UN CONCOURS GÉNÉRAL DE PARIS, ÂGÉ DE 4 ANS 6 MOIS ET MESURANT 1^m33.

Poids vif.	855^k	Poumons et cœur.	6^k 7
Quatre quartiers.	564^k	Foie et rate.	9^k 3
Suif.	73^k	Langue.	4^k 2
Cuir.	51^k 7	Intestins.	19^k
Pieds et patins.	8^k 8	Sang	20^k
Canard.	3^k 3	Déchets	95^k 7

Proportions p. 100....
- des quatre quartiers au poids vif 65.965
- du suif 14.269
- du cuir 6.047

RACE MARINE.

La race *marine*, qui avait autrefois une assez grande importance sur le littoral, dans le département des Landes, a encore un certain nombre de représentants dans le Marensin, la Grande-Lande, la Haute-Chalosse, le Bas-Armagnac et surtout les environs du bassin d'Arcachon, en mélange ou en croisement soit avec les béarnais au sud, soit avec les bazadais dans le nord. Partout les vaches bretonnes sont de plus en plus nombreuses.

Elle constitue encore sur certains points de la lande ce qu'on nomme le bétail de parc. Là, vaches et élèves vivent tout le jour et par tous les temps dans les landes et dans les bois de pins et passent les nuits dans des parcs couverts.

Cette race est sans doute d'origine espagnole, provenant des troupeaux transhumants qui, descendant des Pyrénées, venaient jadis hiverner dans ces landes.

La robe est gris noir, la tête enfumée, avec des yeux très vifs et des cornes noires, fines, dirigées en avant comme pour le combat. De petite taille et près de terre, ces animaux ont, en général, une assez bonne conformation.

La vache, mauvaise laitière, peut à peine nourrir son veau qui, à 2 mois 1/2, pèse 60 kilogrammes.

Les bœufs s'engraissent bien vers l'âge de 8 à 10 ans et pèsent alors de 450 à 550 kilogrammes.

Il serait difficile de déterminer le nombre d'animaux de cette race qui existent encore. Il diminue de plus en plus. Certains le regrettent, considérant qu'ils sont excellents dans les contrées landaises les plus déshéritées pour les travaux de terres légères et surtout pour les transports en sols sableux. Leur croisement avec le bazadais donne, du reste, sous ce rapport, d'excellents résultats.

RACE CAMARGUE.

Cette petite race, qui peut vivre dans les prés marais, se rencontrait autrefois dans toute la plaine alluviale du Bas-Rhône. D'après une chronique du xvie siècle, elle a compté jusqu'à 16,000 têtes. Mais le caractère difficile des animaux de cette race et leur peu de force ont amené peu à peu les cultivateurs à renoncer à leur emploi dans les travaux des champs.

D'autre part les troupeaux ou *manades* dégradent et détruisent rapidement les fossés d'écoulement des propriétés où ils séjournent. Or ces fossés ont un rôle capital pour l'assainissement des terres du delta. La population bovine, de plus en plus réduite par les défrichements, ne forme plus qu'un groupe de 3,500 à 4,000 animaux, localisés dans la Basse-Camargue et dans la zone du Plan-du-Bourg, où l'on trouve encore de vastes surfaces incultes.

Cette race n'a jamais fait l'objet de tentatives sérieuses d'amélioration par la sélection. Mais, comme les mâles ne sont bistournés qu'à l'âge de 3 ou 4 ans, il s'établit entre eux pour la saillie une concurrence qui amène toujours la prédominance des plus forts; c'est ce qui assure la production de sujets vigoureux pour ces courses chères aux populations du Midi.

A ce point de vue, on a fait des croisements avec des taureaux espagnols et les produits obtenus sont plus fougueux, plus irascibles encore que les purs camargues. Mais comme cela a été au détriment de la production de la viande, ces croisements n'ont pas pris un grand développement.

Quelques tentatives de croisement avec des taureaux d'Aubrac et tarins ne paraissent pas avoir été couronnées de succès.

Les caractères distinctifs de la race sont :

Tête petite, expressive, plutôt fine.

Cornes noires en lyre, dirigées suivant le plan du chanfrein. Taille de 1 m. 30 en moyenne.

Robe noire ou brun très foncé, ainsi que toutes les parties dépourvues de poils.

Encolure fine toujours munie d'un ample fanon. La ligne du dos est droite; la cuisse est bien descendue; les jarrets sont larges et bas; les membres, un peu longs, sont bien établis; la poitrine est plutôt étroite.

Le cuir est épais; les onglons sont courts, avec une corne noire et très dure.

Les profits de l'élevage se réduisent à la location des animaux pour les courses et à la production de la viande.

Les animaux vivent continuellement à l'état sauvage, paissant toute l'année dans les parcours couverts par les plantes de la flore salée, entrecoupés d'étangs et de marais. Des gardiens à cheval sont préposés à leur surveillance.

On met ordinairement dans les manades 6 taureaux pour 100 vaches.

Les veaux naissent et demeurent dehors sans aucuns soins. Ceux qui ne sont pas choisis pour la reproduction ou les courses sont vendus à l'âge de 3 mois. Les taureaux de courses rapportent environ 200 francs à leurs propriétaires pendant les 4 à 5 années qu'ils servent à cet usage. Après quoi ils sont bistournés, puis vendus un an plus tard à des prix variant de 200 à 250 francs.

Les vaches conservées jusqu'à l'âge de 6 à 8 ans pèsent, quand on les livre à la boucherie, de 180 à 200 kilogrammes.

En réunissant les nombres approximatifs indiqués dans cette étude pour les existences d'animaux de l'espèce bovine au-dessus de 6 mois qui, par l'ensemble de leurs caractères, se rapprochent sensiblement des types constituant les différentes races réparties sur le territoire de la France, on arrive en chiffres ronds à 7 millions de têtes. Il en résulterait que les 5,621,000 animaux qui restent pour compléter le chiffre de 12,621,900 établi par la Statistique décennale de 1892 sont des croisements divers plus ou moins indéfinissables, à part ceux des groupes durham-manceau, durham-breton, garonnais-limousin, gascons auréolés, et aussi des dérivés des flamands. Ces croisements, parfois entremêlés avec les animaux qualifiés, occupent, le plus souvent, des zones plus ou moins grandes, qu'on pourrait appeler les territoires de transition séparant les diverses races les unes des autres, mais encore de vastes régions, spécialement dans l'Est. La tendance bien manifeste est, depuis une vingtaine d'années, de supprimer ces croisements et d'adopter dans tel ou tel milieu la race qui paraît le mieux appropriée aux conditions culturales et économiques.

Dans une carte publiée en 1881 par M. Demôle, lauréat de la prime d'honneur de la Haute-Savoie, et intitulée *Berceaux des races bovines de France*, l'auteur déterminait l'habitat de 38 races, y compris la prétendue race de Corse.

Actuellement on n'en doit pas compter un aussi grand nombre et, parmi celles qu'on compte encore, plusieurs sont sans doute destinées à disparaître peu à peu.

Il y a lieu, en effet, de rayer de la liste de M. Demôle les races maraîchine, solognote, vosgienne, néracaise, marine, camargue.

D'autre part, certaines distinctions autrefois acceptées doivent être supprimées. Ainsi, il faut réunir sous la seule dénomination de races pyrénéennes du Sud-Ouest les familles basquaise, béarnaise et d'Urt et, sous celle de gasconne, les gascons et les carolais. De même il ne peut plus être question de distinguer les charolais des charolais-nivernais, non plus que les animaux de la vallée d'Aure de ceux de la vallée de Saint-Girons, et les ferrandais des foréziens. On peut aussi prévoir, dans un délai plus ou moins long, l'absorption ou le remplacement de certaines races par d'autres, si le mouvement qui s'est produit depuis quelques années continue à s'accentuer. Le type montbéliard est, fort heureusement, en train de se substituer aux vosgiens, aux fémelais, aux comtois, aux bressans; les marchois sont de moins en moins nombreux, refoulés par les charolais à l'Est, les limousins au Sud et les normands au Nord.

Les races françaises se trouveraient ainsi réduites à 23, sans compter les durhams, ou à 25, si on admet qu'on arrive à reconstituer le groupe manceau et celui du Léon.

Sur ce nombre, les unes sont appelées à rester localisées dans leur habitat actuel, d'autres à voir diminuer leur importance, quelques-unes à prendre de plus en plus d'extension. Parmi les premières, nous croyons qu'il faut placer les races pyrénéennes du Sud-Ouest, gasconne, bazadaise, garonnaise, d'Aubrac, de Lourdes, d'Angles, bordelaise et des vallées d'Aure et de Saint-Girons. Toutefois, ces deux dernières sont susceptibles de voir augmenter l'importance de leur élevage pour fournir des vaches laitières, l'une dans le Sud-Ouest, l'autre le long de la chaîne des Pyrénées.

Il y aurait lieu d'ajouter la race bretonne pie-noire, qui paraît arrivée au maximum de la faveur dont jouissent ses vaches laitières exportées dans les autres contrées.

Dans le second groupe on peut sans doute mettre les animaux ferrando-foréziens refoulés par les charolais au Nord et les salers au Sud, et modifiés à l'Est par les animaux du type jurassique; les mézencs, sur lesquels la race de Villard-de-Lans gagne du terrain et auxquels, sur divers points de la rive droite du Rhône, on tend à substituer les tarentais; ceux-ci, eux-mêmes, qui, s'ils envoient des reproducteurs dans quelques contrées, voient leur territoire entamé par l'extension de la race d'Abondance, en même temps que le nombre de vaches laitières tarines demandées par le Midi diminue notablement; les parthenais refoulés par les croisements durham au Nord et de moins en moins recherchés comme bœufs de travail dans le sud et dans l'est de leur habitat.

Restent les races dont l'importance ne peut que s'accroître : la normande dans le centre de la France, dans le nord-est de la Bretagne, dans les contrées à industries laitières coopératives de l'Ouest; la flamande dans la région occupée par ses dérivés; la limousine sur la plus grande partie du pourtour de la région qu'elle occupe, mais surtout dans la direction de la Garonne et dans celle des Deux-Charentes; la charolaise dans l'Indre, la Creuse, la Corrèze, le Puy-de-Dôme; les salers dans les contrées à sols volcaniques, pour l'élevage et, dans la direction de la Vienne et du nord de la Charente, pour l'exportation des bœufs.

Des races n'ayant pas à beaucoup près une importance actuelle comparable à celles qui précèdent sont cependant appelées à jouer un grand rôle dans la transformation de la population bovine de certaines contrées. En première ligne la race de Montbéliard pour toute la région de l'Est, s'étendant du cours supérieur du Rhône à Nancy, peut-être au delà, où il est nécessaire de produire des animaux ayant à la fois des aptitudes laitières et de travail; plus au nord, jusqu'au contact avec les flamands, la race hollandaise dite *bleue*; dans la Savoie, la race d'Abondance, cette copie des montbéliards, pourrait bien aussi être appelée à jouer un rôle important, de même que, dans une mesure plus restreinte, la race de Villard-de-Lans.

Enfin, dans le Nord-Ouest, les croisements durham verront encore s'étendre progressivement leur habitat dans l'Ille-et-Vilaine, dans la Loire-Inférieure, dans le Maine-et-Loire, peut-être même plus au sud.

Le fait dominant actuellement dans l'élevage des animaux de l'espèce bovine est l'orientation bien nette des éleveurs vers leur amélioration par la sélection dans chaque race. Les sociétés d'agriculture, les assemblées départementales, les éleveurs sont largement entrés dans cette voie. On a cherché à définir les types dont il y avait intérêt à multiplier la production, sans se préoccuper outre mesure de la question de pureté, mais pour bien préciser les caractères propres à chaque groupe, désigné, dans le langage courant, sous le nom de race, de façon à ce que les éleveurs se rendissent bien compte de ce qu'on leur demandait de produire.

Non seulement dans les concours spéciaux organisés par l'État et qui ont été une si heureuse innovation, mais encore dans de nombreux concours de sociétés d'agriculture et même de comices, il est fait obligation aux jurys de ne pas s'écarter dans leurs jugements des définitions adoptées.

Nombreux aussi sont les départements et les sociétés qui affectent des crédits soit à acheter des taureaux de choix pour les revendre aux éleveurs, soit à donner des subventions aux propriétaires de bons étalons et des primes de conservation.

Depuis la création du Herd-book de la race normande, qui fut accueilli avec beaucoup de scepticisme, pour ne pas dire de raillerie, on a institué des livres généalogiques pour la plupart des races, même pour celles qui ne peuvent prétendre à s'étendre au delà du territoire qu'elles occupent actuellement. Pour celles-ci, les éleveurs ne peuvent pas espérer obtenir des plus-values aussi importantes en vendant leurs reproducteurs inscrits que lorsqu'il s'agit de races destinées à avoir un grand champ d'expansion ou même à envoyer des reproducteurs à l'étranger.

Mais, en présence de l'impossibilité d'arriver sans cette institution à constituer des étables souches bien homogènes, il y a un grand intérêt à recourir au livre généalogique, au moins pendant une période suffisante pour obtenir la généralisation du type adopté.

C'est ce qui a eu lieu pour la race bretonne pie noire.

Au point où on en est arrivé, il y aurait grand intérêt à ce que ces efforts divers, toujours bien intentionnés, mais parfois mal compris, fussent non seulement encouragés par des subventions de l'État, mais dirigés et coordonnés.

Le moyen le plus sûr et le plus rapide d'arriver aux résultats désirables serait, après avoir délimité les contrées où il y a intérêt reconnu à maintenir ou à développer telle ou telle race, d'adopter le système de l'approbation des taureaux et de le compléter par les primes de conservation.

ORIGINE DES DOCUMENTS ET RENSEIGNEMENTS.

ADAM, professeur départemental des Vosges.

ALLARD, professeur départemental de la Haute-Saône.

AUNOY (Comte D'), président de la Société d'agriculture de Mortain (Manche).

BALZAC (DE), propriétaire (Aveyron).

BARBUT, professeur départemental de l'Aude.

BATTANCHON, professeur départemental de Saône-et-Loire.

BAUDOIN, propriétaire, à Bénizet (Loiret).

BÉRANGER, professeur spécial, à Gex (Ain).

BIGUET, professeur départemental de la Vendée.

BISSANGE, vétérinaire, à Orléans (Loiret).

BLAIN, secrétaire de la Société d'agriculture de Verdun (Meuse).

BOIRET, professeur départemental de la Haute-Savoie.

BONNEFOY-CURRAZ, instituteur (Savoie).

BOUÉ, professeur départemental des Hautes-Pyrénées.

BOULLAND, vétérinaire, à Montbéliard (Doubs).

BOURGEOIS, propriétaire (Meurthe-et-Moselle).

BOURGNE, professeur départemental de l'Eure.

BOUSERAND, propriétaire, à Sainte-Sabine.

BOUSQUET, vétérinaire, à Concots (Lot).

BOUVET (Notes sur la vallée de Germigny) [Cher].

BOYER, professeur spécial, à Villefranche (Aveyron).

BOYER, professeur spécial, à Marvejols (Lozère).

BRÉHÉRET, professeur départemental de la Drôme.

BREIL, professeur départemental des Basses-Pyrénées.

BUREL, propriétaire, à Fongueusemare (Seine-Inférieure).

CADORET, professeur départemental des Hautes-Alpes.

CADORET, professeur spécial, à Annonay (Ardèche).

CALMETTE, vétérinaire, à Gramat (Lot).

CARRÉ, professeur départemental de la Haute-Garonne.

CASSEZ, professeur départemental de la Haute-Marne.

CHAPELLE, professeur départemental du Var.

CHAUZIT, professeur départemental du Gard.

CHEVALIER, ancien professeur départemental du Finistère.

COMICE AGRICOLE de Saint-Quentin (Aisne).

COMMISSION du Herd-book tarin (Savoie).

COMON, inspecteur de l'agriculture.

COULPIER, professeur spécial, à Exideuil (Dordogne).

COURNÈGELONGUE, propriétaire, à Bazas (Gironde).

DANGUY, professeur départemental de la Loire-Inférieure.

DAUBOIS, vétérinaire, à Pithiviers (Loiret).

DELTIL, vétérinaire, à Puy-l'Évêque (Lot).

DEMANTY, vétérinaire, à Pontarlier (Doubs).

DEPAINS, propriétaire, à Bains (Vosges).

DEPUISET, professeur spécial, à Vouziers (Ardennes).

DEVILLE, professeur départemental du Rhône.

DOUTTÉ, professeur départemental de la Marne.

DUBUT, instituteur, à Ribérac (Dordogne).

DUCHEIN, professeur spécial, à Saint-Gaudens (Haute-Garonne).

DUBOURG, professeur départemental de la Corrèze.

DUBREUILH, professeur départemental du Tarn-et-Garonne.

DUCLOUX, professeur départemental du Nord.

DUGUÉ, professeur départemental d'Indre-et-Loire.

DUFFOURC-BAZIN, professeur départemental des Landes.

DUPLESSIS, professeur départemental du Loiret.

DUPONT, professeur départemental de la Haute-Loire.

ÉCLUSE (DE L'), professeur départemental de Lot-et-Garonne.

ÉVENS, professeur spécial, à Redon (Ille-et-Vilaine).

FASQUELLE, professeur départemental de la Manche.

FAUCOMPRÉ, professeur départemental du Haut-Rhin français.

FIÉVET, professeur départemental des Ardennes.

Fournier, professeur spécial, à Gray (Haute-Saône).

Gaillard, professeur départemental de la Dordogne.
Garennes, propriétaire, à Charolles (Saône-et-Loire).
Garneret, propriétaire, à Clerval (Doubs).
Garola, professeur départemental d'Eure-et-Loir.
Gigord (De), directeur de l'École de Saulxures (Vosges).
George, professeur spécial, à Loubans (Saône-et-Loire).
Gilain, éleveur, à Carentan (Manche).
Gillin, professeur spécial, à Brive (Corrèze).
Girard-Col, professeur départemental du Puy-de-Dôme.
Goujard, propriétaire, à Gandreville-la-Rivière (Eure).
Gouvel, propriétaire, à Argentan (Orne).
Grandvoinnet, professeur départemental de l'Ain.
Gruel, propriétaire, à Bourgthéroulde (Eure).
Guerrapain, professeur départemental de l'Aisne.

Hervey, propriétaire, à Notre-Dame-de-Vaudreuil (Eure).

Jouandeau, professeur spécial, à Châtillon (Ain).
Jouvet, professeur départemental du Jura.

Kohler, professeur spécial, à Montbéliard (Doubs).

Lafargue, professeur départemental de la Creuse.
Langlais, professeur départemental de l'Orne.
Laprugne, professeur spécial, à Semur (Côte-d'Or).
Larclause (De), directeur de la ferme-école de la Vienne.
Laroque (De), professeur départemental des Bouches-du-Rhône.
Larvaron, professeur départemental de la Vienne.
Launay, professeur départemental du Gers.
Laurent, professeur départemental de la Seine-Inférieure.
Lavoine, propriétaire, à Yvetot (Seine-Inférieure).
Lecheriez, propriétaire, à Saint-Paul (Orne).
Lecanu, propriétaire, à Beaumont (Manche).
Lefranc, instituteur, à Savigny-le-Tertre (Manche).
Legludic, sénateur de la Sarthe.
Leizour, professeur départemental de la Mayenne.
Le Loupp, professeur spécial, à Morlaix (Finistère).
Lepaulmier, propriétaire, à Saint-Côme-du-Mont (Manche).
Leroux, professeur départemental de l'Oise.
Leroux, professeur spécial, à Vervins (Aisne).
Lombardot, secrétaire du Comice de Vercel (Doubs).

Magnien, inspecteur de l'agriculture, à Dijon (Côte-d'Or).
Malet, professeur à l'École vétérinaire de Toulouse.
Mamet, propriétaire, à Fins, près Morteau (Doubs).
Mancheron, professeur départemental de la Nièvre.
Maréchal, professeur départemental des Côtes-du-Nord.
Marre, professeur départemental de l'Aveyron.
Martin, président du Comice de Buzy (Doubs).
Mazeau, directeur de la vacherie de Brive (Corrèze).
Mazure, professeur spécial, à Gien (Loiret).
Melin, professeur spécial, à Belley (Ain).
Morain, professeur départemental de Maine-et-Loire.
Moreau-Bérillon, professeur spécial, à Neufchâteau (Vosges).
Mutin, propriétaire, à Germigny-Poirot (Côte-d'Or).
Muff, professeur départemental du Tarn.

Noël (Casimir), éleveur, à Béthonville (Manche).

Pasquet, professeur spécial, à Avallon (Yonne).
Perette, professeur spécial, à Saint-Dié (Vosges).
Petit, lauréat de la prime d'honneur de l'Allier.
Petit, président du Comice d'Andeux (Doubs).
Petit, professeur départemental du Morbihan.
Pernier de la Bathie, ancien professeur départemental.
Pezet, professeur spécial, à Figeac (Lot).
Pic, professeur départemental de l'Ille-et-Vilaine.
Poirat, professeur spécial, à Sens (Yonne).
Prioton, professeur départemental de la Charente.
Prud'homme, professeur départemental de la Meuse.

Quercy, professeur départemental du Lot.

Raquet, professeur départemental de la Somme.
Reclus, professeur départemental de la Haute-Vienne.
Reillat, professeur spécial, à Nontron (Dordogne).
Rigaux, professeur départemental de la Lozère.
Rivière, professeur départemental de Seine-et-Oise.
Rozeray, professeur départemental des Deux-Sèvres.
Rossignol père, propriétaire, à Melun (Seine-et-Marne).
Rougier, professeur départemental de la Loire.
Rouhault, professeur départemental de l'Isère.

Saint-Sauveur (De), président de la Société d'agriculture de la Nièvre.

Savre, professeur départemental du Cantal.

Seltemperger, professeur spécial, à Charolles (Saône-et-Loire).

Serin, professeur spécial, à Villefranche (Haute-Garonne).

Soula, professeur départemental de l'Ariège.

Tachoires, directeur de la Ferme-école de la Haute-Garonne.

Tardy, professeur spécial, à Luxeuil (Haute-Saône).

Teisserenc de Bort, sénateur de la Haute-Vienne.

Thiriet, professeur spécial, à Mirecourt (Vosges).

Tribondeau, professeur départemental du Pas-de-Calais.

Vassillière, professeur départemental de la Gironde.

Vezins, professeur départemental de Loir-et-Cher.

Zacharewicz, professeur départemental de Vaucluse.

Imprimerie nationale. — Juillet 1902.

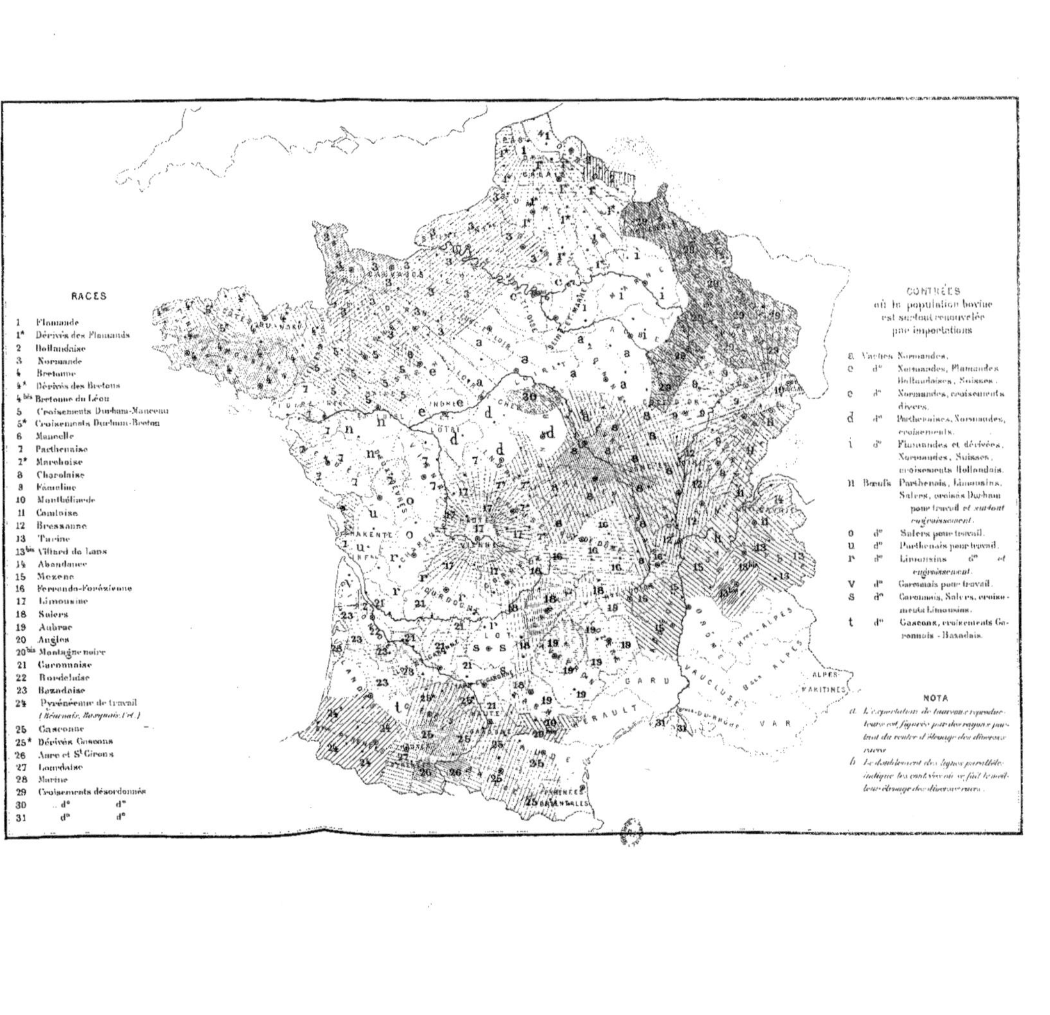

RACES
1 Flamande
1* Dérivés des Flamands
2 Hollandaise
3 Normande
4 Bretonne
4* Dérivés des Bretons
4 bis Bretonne du Léon
5 Croisements Durham-Manceau
5* Croisements Durham-Breton
6 Maunelle
7 Parthenaise
7* Marchoise
8 Charolaise
9 Fémeline
10 Montbéliarde
11 Comtoise
12 Bressanne
13 Tarine
13 bis Villard de Lans
14 Abondance
15 Mezenc
16 Ferranda-Forézienne
17 Limousine
18 Salers
19 Aubrac
20 Auglos
20 bis Montagne noire
21 Garonnaise
22 Bordelaise
23 Bazadaise
24 Pyrénéenne de travail
(Béarnais, Basquais, etc.)
25 Gasconne
25* Dérivés Gascons
26 Aure et St Girons
27 Lourdaise
28 Marine
29 Croisements désordonnés
30   d°   d°
31   d°   d°

CONTRÉES
où la population bovine
est surtout renouvelée
par importations

E. Vaches Normandes.
c   d°   Normandes, Flamandes
         Hollandaises, Suisses.
e   d°   Normandes, croisements
         divers.
d   d°   Parthenaises, Normandes,
         croisements.
i   d°   Flamandes et dérivées,
         Normandes, Suisses,
         croisements Hollandais.
H Bœufs Parthenais, Limousins,
         Salers, croisés Durham
         pour travail et surtout
         engraissement.
o   d°   Salers pour travail.
u   d°   Parthenais pour travail.
r   d°   Limousins   d°   et
         engraissement.
V   d°   Garonnais pour travail.
S   d°   Garonnais, Salers, croise-
         ments Limousins.
t   d°   Gascons, croisements Ga-
         ronnais - Bazadais.

NOTA
a. L'exportation de taureaux reproducteurs est figurée par des rayons partant du centre d'élevage des diverses
   races.
b. Le doublement des lignes parallèles
   indique les contrées où se fait le meilleur élevage des diverses races.